非常规能源之天然气水合物系列

天然气水合物的地球物理特征与测井评价

李 新 肖立志 编著

石油工业出版社

内 容 提 要

本书通过对天然气水合物地球物理特征和实际测井资料的深入分析，详细考察了天然气水合物储层在常规测井、电成像测井和核磁共振测井上的响应特征，对天然气水合物的定性识别和定量评价方法进行了系统研究，内容翔实，图文并茂，具有很高的学术价值和参考价值。

本书可供石油测井工作的广大技术人员及大专院校相关专业师生参考使用。

图书在版编目（CIP）数据

天然气水合物的地球物理特征与测井评价／李新，肖立志编著．
北京：石油工业出版社，2013.10
（非常规能源之天然气水合物系列）
ISBN 978-7-5021-9499-4

Ⅰ．天…
Ⅱ．①李…②肖…
Ⅲ．①天然气水合物-地球物理学
②天然气水合物-测井-评价
Ⅳ．P618.13

中国版本图书馆CIP数据核字（2013）第036163号

出版发行：石油工业出版社
（北京安定门外安华里2区1号 100011）
网　　址：www.pip.cnpc.com.cn
编辑部：（010）64523736　发行部：（010）64523620
经　　销：全国新华书店
印　　刷：北京中石油彩色印刷有限责任公司

2013年10月第1版　2013年10月第1次印刷
787×1092毫米　开本：1/16　印张：9
字数：143千字

定价：50.00元
（如出现印装质量问题，我社发行部负责调换）
版权所有，翻印必究

前 言

海底沉积物和大陆永久冻土带中蕴藏着大量以甲烷为主要成分的天然气水合物，是一种极具潜力的优质能源。天然气水合物储量可以通过构造面积、储层厚度、孔隙度和饱和度等参数来定量评价。地球物理测井方法具有直接、连续和经济地测量地层原位状态下天然气水合物储层性质的优势，对定性识别天然气水合物储层和定量计算储层孔隙度及天然气水合物饱和度等参数具有重要作用。

本书通过对天然气水合物储层的地球物理特征和实际测井资料的分析，考察了天然气水合物储层在常规测井、电成像测井和核磁共振测井上的响应特征，对天然气水合物的定性识别和定量评价方法进行了系统研究。天然气水合物储层在常规测井、电成像测井和核磁共振孔隙度测井上特征明显，可以得到较好的识别。多个实例分析验证了常规油气藏评价方法在天然气水合物储层评价中有一定的适用性，但需要建立新的响应方程和评价流程。本书从岩石物理体积模型出发，给出了不同地质条件下天然气水合物储层的多组分体积模型和相应的孔隙度及饱和度响应方程与评价流程。

需要特别指出的是，天然气水合物储层测井在微观响应机理上仍然存在许多困难，可能导致常规油气藏测井评价的许多理论和方法不能完全适用。所以，开展天然气水合物测井相关机理的研究以及专用仪器系统的研制是十分必要的。希望本书的出版能对这一领域的后续理论研究和仪器研制工作起到抛砖引玉的作用。

本书得到国家自然科学基金（基金编号：90510004）的大力支持。写作过程中参考了大量文献，特别是美国地质调查局和科罗拉多矿业学院专家们的研究成果。

由于作者水平有限，书中的不足和疏漏在所难免，敬请读者批评指正。

目 录

第1章 概述 ··· 1
   1.1 天然气水合物研究概况 ··· 1
   1.2 天然气水合物研究的目的和意义 ··· 9
   1.3 天然气水合物研究的内容与方法 ·· 14

第2章 天然气水合物的地球物理性质与形成条件 ······································· 15
   2.1 天然气水合物的地球物理性质 ··· 15
   2.2 天然气水合物的形成条件与分布 ·· 16
   2.3 天然气水合物的重要地球物理标志——BSR ··· 20

第3章 天然气水合物储层测井响应特征与定性识别 ································· 23
   3.1 测井在天然气水合物储层评价中的应用 ··· 23
   3.2 常规测井响应特征 ··· 28
   3.3 电成像测井响应特征 ··· 34
   3.4 核磁共振测井响应特征 ·· 39
   3.5 天然气水合物储层的测井定性识别 ·· 44

第4章 天然气水合物储层参数的测井定量评价 ··· 51
   4.1 天然气水合物储层多组分体积模型 ·· 52
   4.2 储层孔隙度的计算 ··· 55
   4.3 天然气水合物饱和度的评价 ··· 71
   4.4 应用核磁共振评价天然气水合物储层 ·· 99

第5章 天然气水合物储层测井评价流程 ··· 116
   5.1 概述 ·· 116
   5.2 A类储层与D类储层 ··· 118
   5.3 B类储层 ·· 122
   5.4 C类储层 ·· 124

第6章 结论与建议 ·· 125

参考文献 ··· 128

第 1 章 概 述

1.1 天然气水合物研究概况

1.1.1 天然气水合物简介

天然气水合物是在合适的温度（通常低于 300K）、压力（通常大于 0.6MPa）、气体饱和度、水的盐度和 pH 值等条件下，由水和天然气组成的、类冰的、非化学计量的笼形结晶化合物（Clathrate）[1]。这种笼形化合物中，压缩的气体分子容纳于由水分子构成的固体晶格之中。气体分子通常被称为"客体分子"，水分子被称为"主体分子"。天然气水合物呈固相，区别于石油的液相和天然气的气相。

广义地讲，天然气水合物包括所有具有上述结构的笼形结晶化合物，分子式可用 $M \cdot nH_2O$ 来表示，M 代表水合物中的气体分子，n 为水合指数（水和气体分子的物质的量之比，$n \geqslant 5.67$ [2]）。甲烷、乙烷、丙烷、丁烷等同系物以及二氧化碳、氮和硫化氢等分子可以和水形成单种或多种天然气水合物。

自然界中形成天然气水合物的主要气体为甲烷（超过 90%）。甲烷分子含量超过 99.9% 的天然气水合物称为甲烷水合物（Methane Hydrate）[3]，即狭义的天然气水合物概念。由于甲烷水合物在常温常压下遇火即可燃烧，人们形象地称之为"可燃冰"。甲烷水合物是能源行业最感兴趣的水合物，也是本书的主要研究对象，其笼形结构如图 1.1 所示。

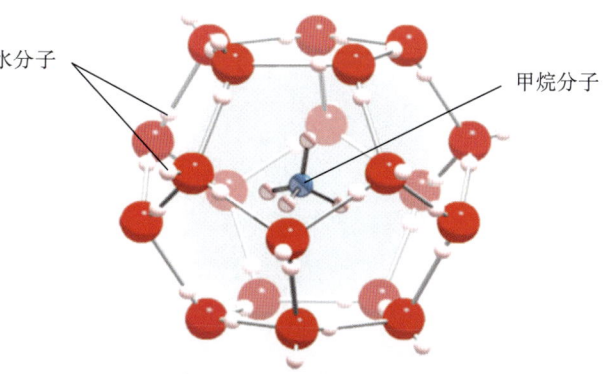

图 1.1　甲烷水合物的结构示意图

1.1.2 天然气水合物的晶格特征

海洋沉积物中的天然气水合物大部分为生物成因,只有少部分为热成因或混合成因[4]。根据客体分子的尺度和单个水合物分子外形的不同,天然气水合物具有多种晶格结构,最常见的为结构Ⅰ型、结构Ⅱ型和结构H型三种[1, 5, 6](图1.2)。

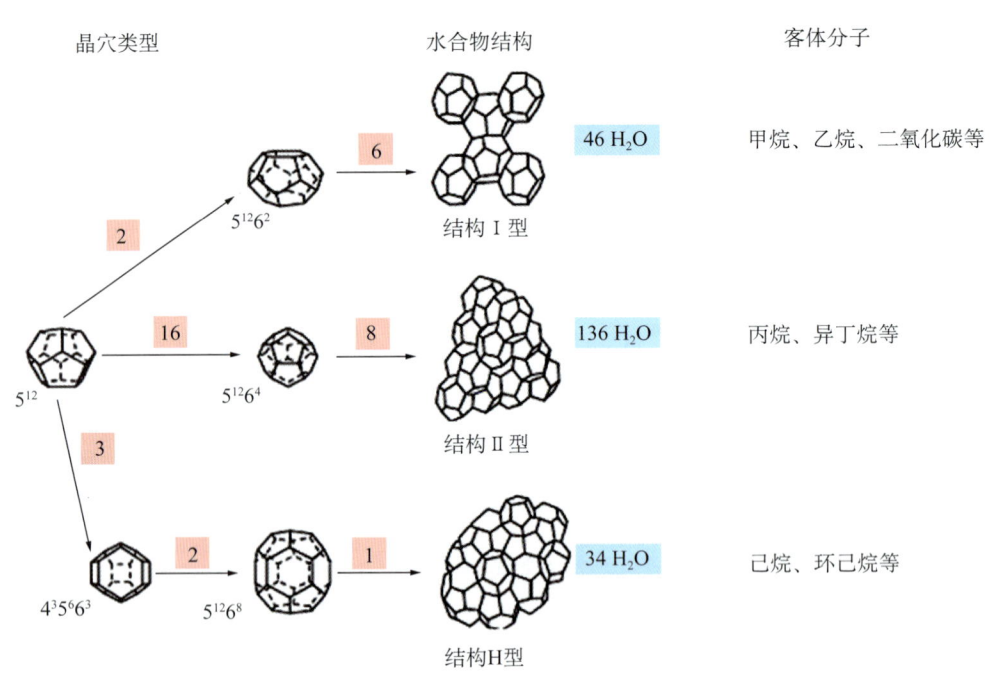

图 1.2　三种常见的水合物晶穴结构[1]

笼形结构由 X^n 表示,如 $5^{12}6^4$ 表示一个笼形结构由 12 个五边形和 4 个六边形构成;
图中正方形中的数字表示晶穴的数量,结构Ⅰ型的晶穴由 2 个 5^{12}、6 个 $5^{12}6^2$ 笼形结构和 46 个水分子组成

结构Ⅰ型和结构Ⅱ型的天然气水合物大约在 19 世纪 40 年代末和 50 年代初由 Stackelberg 等确定[7],结构 H 型由 Ripmeester 等于 1987 年确定[8]。

(1)结构Ⅰ型(生物成因):客体分子直径为 0.4~0.55nm,外形呈立方体结构,在自然界分布最为广泛。结构Ⅰ型单晶结构包含 46 个水分子,由 2 个小晶穴和 6 个大晶穴组成。小晶穴为五边形十二面体(表示为 5^{12}),大晶穴是由 12 个五边形和 2 个六边形组成的十四面体($5^{12}6^2$)。5^{12} 晶穴由 20 个水分子组成,形状近似为球形。$5^{12}6^2$ 晶穴是由 24 个水分子组成的扁球形结构。结构Ⅰ

型水合物的结构分子式为 2 (5^{12}) 6 ($5^{12}6^2$)·$46H_2O$，理想分子式（并非所有的笼形结构都必须被客体分子占据[7]，理想分子式指所有晶穴都被客体分子占据，且每个晶穴只有一个客体分子）为 M·$5\frac{3}{4}H_2O$。这种笼形结构里只能填充甲烷、乙烷等小分子烃，以及二氧化碳、氮和硫化氢等非烃分子。

甲烷的水合物反应可用下式表示：

$$CH_4 + 5\tfrac{3}{4}H_2O = CH_4 \cdot 5\tfrac{3}{4}H_2O \tag{1.1}$$

（2）结构Ⅱ型（热成因）：客体分子直径为 0.6～0.7nm，外形呈菱形立方结构，多存在于人工合成环境。自然环境中，在覆盖于油藏上部的天然气水合物储层中发现过结构Ⅱ型，如里海。结构Ⅱ型单晶包含 136 个水分子，由 8 个大晶穴和 16 个小晶穴组成。大晶穴为包含 28 个水分子的立方对称的准球形十六面体（$5^{12}6^4$），小晶穴为直径略小于结构Ⅰ型的 5^{12} 晶穴。这种结构除了能容纳Ⅰ型客体分子之外，还可以容纳丙烷、异丁烷等较大的烃类气体分子。结构Ⅱ型水合物的结构分子式为 16 (5^{12}) 8 ($5^{12}6^4$)·$136H_2O$，理想分子式为 M·$5\frac{2}{3}H_2O$。

（3）结构 H 型：名称来自它的六方体（Hexagonal 首字母）结构[7]，包含 3 个 5^{12}、2 个 $4^35^66^3$ 和 1 个 $5^{12}6^8$ 晶穴，结构分子式为 3 (5^{12}) 2 ($4^35^66^3$) 1($5^{12}6^8$)·$34H_2O$，理想分子式为 M·$5\frac{2}{3}H_2O$。这种结构必须同时包含小分子和大分子客体（直径 0.8～0.9nm），可存在于自然条件（如墨西哥湾[9]和卡斯卡底古陆边缘[10]）和人工合成环境中。

除了上述三种常见的晶格类型之外，新型的晶格结构正在不断地被发现，如结构 T（Trigonal 首字母）型等[11]。由于甲烷天然气分子能够形成结构Ⅰ型和结构Ⅱ型的天然气水合物，这两种结构在石油天然气工业中显得特别重要。

1.1.3 天然气水合物研究进展

1.1.3.1 国际天然气水合物发现和研究概况

国际科学界预测天然气水合物是石油和天然气的最佳替代能源。天然气水合物作为一种新型的、潜在的巨大碳氢能源库，具有很好的商业开采前景，各发达国家均开展了大量的研究工作。

为探测和评价自然界中的天然气水合物藏，著名的大洋钻探计划 ODP

[(Ocean Drilling Program,现为综合大洋钻探计划 IODP (Integrated Ocean Drilling Program)] 和其前身——深海钻探计划 DSDP（Deep Sea Drilling Project）组织了以大洋海底沉积物中的天然气水合物为主题的航次：1996 年在布莱克海台的 164 航次和 2002 年在水合物海岭的 204 航次[12]。发达国家都有各自庞大的天然气水合物研究计划，美国、加拿大、德国、俄罗斯和日本等发达国家以及中国、韩国和印度等国家在该领域进行了大量的研究，从各个角度去探测天然气水合物的存在并评价其蕴藏量。

人类从发现天然气水合物开始直到大规模地将其作为一种能源资源，经历了将近 200 年的漫长过程，这段研究历史可分为四个阶段[13–17]。

1) 实验室内的发现和研究阶段

最早在实验室合成的水合物为 1778 年英国化学家 Joseph Priestley 无意中获得的二氧化硫水合物[18]。由于 Joseph Priestley 的工作没有形成足够的文献，因此天然气水合物的首次发现归功于 1810 年英国科学家 Humphry Davy（著名物理学家 Michael Faraday 的上司）在伦敦皇家研究院合成氯气水合物[13, 19]。Humphry Davy 于 1811 年著书首次提出"天然气水合物"一词。整个 19 世纪，水合物都是在实验室合成的，停留在实验探索的阶段，没有实际应用。

2) 工业界天然气水合物的防治阶段

实验室内的天然气水合物研究工作进行了 100 年之后，人们对自然界中存在的天然气水合物仍然了解很少。直到 20 世纪 20 年代，石油工业中使用管线从气田向外输送甲烷天然气，美国科学家 Hammersemidt 于 1934 年首次发现水合物堵塞了输气管道[20]。这次发现使水合物研究进入新的时代，从此工业界开始介入天然气水合物的研究，主要目标是水合物的热力学生成条件和抑制方法等。1936 年，苏联科学院尼基丁院士发现并首次提出天然气水合物的笼形结构，并沿用至今。

3) 天然气水合物藏的发现和快速发展阶段

自然界中的天然气水合物早期发现主要为永久冻土带地区开发油气田、深海地球物理探测、海底取样调查和钻探发现。

1946 年，苏联科学家提出永久冻土带中存在天然气水合物稳定存在的条件[18]。1965 年，苏联在西西伯利亚永久冻土地区发现麦索亚哈（Messoyakh）天然气水合物气藏，并于 1969—1970 年开始对该天然气水合物藏实施商业性开采。麦索亚哈气藏是全球最早和目前唯一在天然气水合物含矿层系中进行商业生产的气藏，在全球引起了大规模的研究和勘探热潮。1971年，Stoll等首次发现海洋天然气水合物实物样品。1972年，美国阿拉斯加州北部首次于永久冻土带中获得水合物岩心。

随着美国在阿拉斯加州、加拿大在麦肯齐河三角洲地区相继发现大规模天然气水合物藏，并发现海底似反射（Bottom Simulating Reflector，BSR）现象，天然气水合物进入大规模发现和发展阶段。1995年，ODP164航次在美国大西洋海域布莱克海台实施钻探，首次实现了"BSR现象—天然气水合物稳定带—深海钻井—岩心样品与其工业性品位—资源潜量和商业开发价值评估"的多位一体验证。

4）国家专项计划和工业化试验开发阶段

此阶段先后实施了天然气水合物的深海调查与钻探取证[例如DSDP/ODP在南美洲和北美洲，日本于1998—2001年在南海海槽，德国于1997、1999、2002年在著名的"水合物脊（Hydrate Ridge）"，美国于2007年在艾尔伯特山（Mount Elbert）等]，在深海、深湖（如里海、贝加尔湖）和永久冻土带获得了天然气水合物实物样品，为资源定量评估和开发计划奠定了基础。

天然气水合物的工业性开发试验以加拿大、美国、日本、德国与印度等国在加拿大麦肯齐河三角洲（Mackenzie Delta）的Mallik 3L-38—Mallik 5L-38井的工作为代表。该项目致力于提供世界上最详细的科学与工程数据来描述天然气水合物储层性质与生产过程，并利用加热法和减压法成功开展了短期（5天）控制性试生产[21]，是天然气水合物开发利用史上的里程碑。

自然界中的天然气水合物的发现始于1965年。表1.1列举了自然界中天然气水合物发现和研究的重要事件[13, 15, 22, 23]。

表1.1 自然界中天然气水合物发现和研究的重要事件

时间	事件
1965年	Makogon和Coworkers宣布在西伯利亚冻土带中发现天然气水合物
1969年	Ginsburg研究天然气水合物的地质环境
	苏联开始为期10年的麦索亚哈天然气水合物气藏的开采

续表

时间	事件
1972年	ARCO–Exxon公司在阿拉斯加州北部钻井中获得天然气水合物岩心样品
1974年	Bily和Dick报道加拿大麦肯齐三角洲的天然气水合物
	Stoll等在分析海底地震剖面图时发现海底似反射（BSR）
1980年	Kvenvolden发表世界范围内的天然气水合物调查报告
	Dillon和Paul对大西洋中的天然气水合物进行研究
1983年	Collet发表ARCO–Exxon公司钻井中天然气水合物井段测井曲线的分析结果
1988年	Makogon和Kvenvolden分别估算出自然界中天然气水合物中所含甲烷量为$10^{16}m^3$ [24]
1991年	ODP在太平洋西岸活动陆缘、美国西海岸、日本滨海、南海海槽等地发现天然气水合物
1994年	Sassen在墨西哥湾发现自然界中存在结构H型天然气水合物 [9]
1996年	对ODP在1986—1996年间在大西洋、太平洋和地中海的12个站位取得的水合物岩心数据进行了微生物研究
1997年	印度实施天然气水合物勘探计划
1998年	对永久冻土带中的天然气水合物进行钻探、描述评价和生产测试
	中国正式以六分之一成员国加入ODP
2000年	美国国会发起甲烷水合物研究与开发运动（Methane Hydrate R&D Act） [25]
2002年	加拿大麦肯齐三角洲理查兹（Richards）岛的Mallik–5L国际永久冻土带开发试验说明，高饱和度的天然气水合物可以经济地开发
	ODP204航次在俄勒冈州（Oregon）水合物脊探测天然气水合物
2005年	IODP赴卡斯卡底（Cascadia）古大陆缘钻探天然气水合物
2006年	印度国家天然气水合物计划（HGHP）获得493块天然气水合物岩心样品
2007年	中国在南海神狐海域获得天然气水合物样品
	美国在艾尔伯特山永久冻土带探测天然气水合物
	韩国钻探获取天然气水合物 [23]
2009年	中国青海祁连山冻土区发现天然气水合物，钻取实物样品 [26]
2013年	日本成功从海底天然气水合物中开采出天然气

国际上的天然气水合物调查研究重点正从资源调查逐渐向开发利用过渡，各国竞相提速天然气水合物开发和利用的进程。美国研发计划要求2015年实现商业性开发；日本也确立了2016年实现商业开采的目标。

1.1.3.2 中国海洋和冻土区天然气水合物的发现

我国在20世纪末开始关注天然气水合物的研究，在国家级探测和研究计划的支持下，这方面的研究发展十分迅速。随着近年来在南海海域和青藏高原永久冻土带发现天然气水合物藏并成功钻获天然气水合物岩心样品，我国已跻身天然气水合物研究调查研究的先进行列。

（1）南海神狐海域。

历年来，我国对管辖海域进行了大量的地震勘查资料分析，广州海洋地质调查局在南海北部西沙海槽区开展的天然气水合物资源的前期调查中首次发现了我国天然气水合物存在的BSR标志；在日本冲绳海槽的边坡、我国南海的北部陆坡和西沙群岛南坡等地也发现了海底天然气水合物存在的BSR标志。通过对海底天然气水合物的成因、地球化学特征、地球物理特征、资料处理解释、钻孔取样、资源评价、海底地质灾害等方面进行系统的研究，取得了丰富的资料和大量的数据。

中国首次天然气水合物钻探活动GMGS-1由广州海洋地质调查局、中国地质调查局和国土资源部共同组织实施。2007年4月21日至6月12日，Bavenit号钻探船在中国南海神狐海域进行了2个航次共8个站位（图1.3）的钻探和高分辨率小井眼测井。这8个站位处的水深达1500m，其中5个站位附近钻有取心井，进行了原位状态下的测量和取样。不但在3个站位成功获得了天然气水合物样品，还确定了天然气水合物在沉积物中新的分布模式[27, 28]。

此次钻探证实我国南海北部海域蕴藏着丰富的天然气水合物资源。我国首次获得了天然气水合物的地球物理测井、原位温度测量、沉积物岩心、孔隙水样品、微生物样品等信息，并取得了现场物性、地球化学等测试资料，为南海北部陆坡的天然气水合物资源远景评价、成藏机理和分布规律研究提供了可靠的科学依据，是中国地质史上一次重要发现。

我国在南海发现天然气水合物的神狐海域，是世界上第24个采集到天然气水合物实物样品的地区，第22个在海底采集到天然气水合物实物样品的地区，第12个通过钻探工程在海底采集到水合物实物样品的地区。中国因此成为继美国、日本、印度之后第四个通过国家级研发计划获得水合物实物样品的国家，标志着中国的天然气水合物调查研究进入世界领先行列[22]。

图1.3　中国南海神狐海域天然气水合物钻探位置[27]

（2）祁连山冻土区。

我国冻土带面积达 $215×10^4 km^2$，占国土总面积的22.4%，是世界上仅次于俄罗斯和加拿大的第三冻土大国，冻土带中的天然气水合物资源潜力巨大。"我国陆域永久冻土带天然气水合物资源远景调查"地质调查项目对永久冻土带的地质、构造、气源和温压条件系统研究结果表明，青藏高原和东北冻土带具备较好的天然气水合物形成条件和找矿前景。其中，羌塘盆地是最有前景的找矿远景区，其次是祁连山木里地区、东北漠河盆地和风火山—乌丽地区等[29, 30]。

2008—2009年，中国地质调查局在青藏高原北缘的青海天峻县木里煤田聚乎更矿区实施"祁连山冻土区天然气水合物科学钻探工程"，完成钻探试验井4口，其中3口钻井钻获天然气水合物实物样品（图1.4）。这是我国在永久冻土带首次钻获天然气水合物实物样品，也是全球首次在中低纬度高山冻土区发现天然气水合物实物样品。

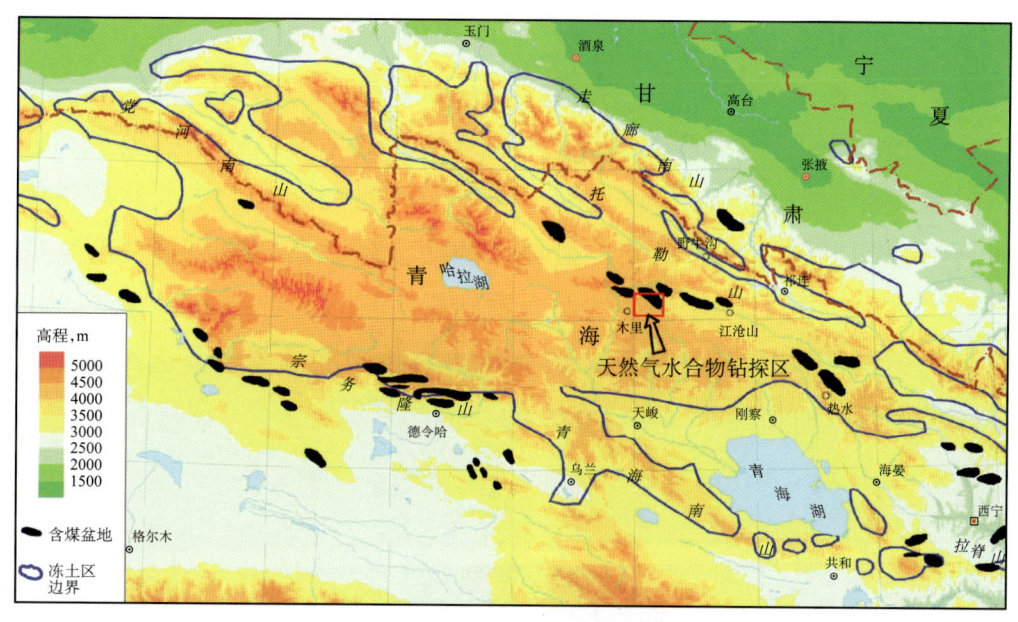

图 1.4　祁连山冻土区天然气水合物钻探试验区地理位置图[26]

1.2　天然气水合物研究的目的和意义

近年来，天然气水合物成为国际科学界研究的热点，其根本原因是天然气水合物的重要属性及其在能源化工和环境领域中的重要意义。

（1）天然气水合物是一种潜在的新型洁净能源。

天然气水合物的晶体结构和空间构架具有独特的高度集气能力。自然界中较难存在所有笼形结构都必须被客体分子占据（晶格占有率100%）的天然气水合物，典型的晶格占有率为70%～90%。标准温度和压力条件下（STP），晶格占有率为70%（n=7.475）的 $1m^3$ 甲烷水合物（结构Ⅰ型）就可以释放出 $139m^3$ 的甲烷气体，而晶格占有率为90%（n=6.325）的 $1m^3$ 甲烷水合物（结构Ⅰ型）则可释放出 $164m^3$ 的甲烷气体[31]，且分解所需要的能量不到其蕴含能量的15%[5]。

天然气水合物分解释放出的甲烷是一种相对清洁的碳氢化合物能源，甲烷气燃烧时释放出的污染物（二氧化碳、氧化氮、二氧化硫和微粒杂质）比石油和煤燃烧时要少得多。天然气水合物的能量密度（单位体积岩石的甲烷气含量）是常规天然气藏的2～5倍，是非常规油气藏（如煤层气、致密砂岩气、页岩气和深层气）的 10 倍[32]，小规模的产出面积也可能具有极大的经济价值。

天然气水合物藏的分布广，埋藏浅，资源储量极为丰富。目前对全球天然气水合物中蕴含的天然气储量进行了大量推测性的估算，不同的模型和方法得到的结果虽然存在差异，但一致认为全球大洋海底和陆地上永久冰冻带中的天然气水合物中的甲烷含量非常高，最保守的估计量与其他化石燃料所含的能量相比也是巨大的（图 1.5）。天然气水合物储层下部还常常存在储量十分可观的天然气[33]。有科学家大胆地推测，天然气水合物中的碳含量是迄今为止地球上所有已知的煤、石油和天然气中碳含量的 2 倍[3, 33]。

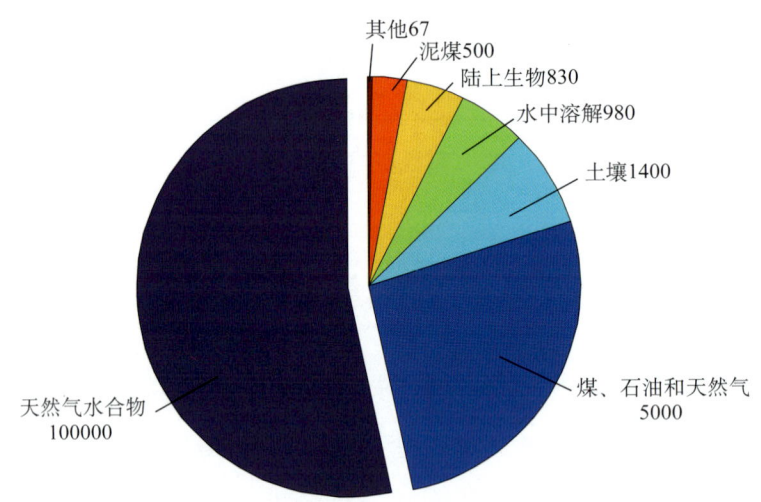

图 1.5　地球上已知有机碳的分布[33]（单位：10^9t）

（2）油气管道内的天然气水合物对油气输送安全有重大影响。

天然气水合物为固态非流动性的晶格结构。油气井产出的流体通常包含水和符合水合物客体分子范围的烃类，因此常常形成水合物并堵塞油气管线（图 1.6），严重时导致停产数月。

油气管道中天然气水合物的分解首先从管道壁附近开始，固态天然气水合物在分解产生的管内压力差驱动下快速运动，有可能导致下游的气体被严重压缩，造成管道爆裂、未完全分解的水合物在管道弯曲处再次堵塞管道等后果。

在海洋进行油气钻井作业时，钻井液中生成的天然气水合物可能堵塞钻杆、防喷阀等，阻碍钻井液的循环，影响钻井安全（图 1.7）。

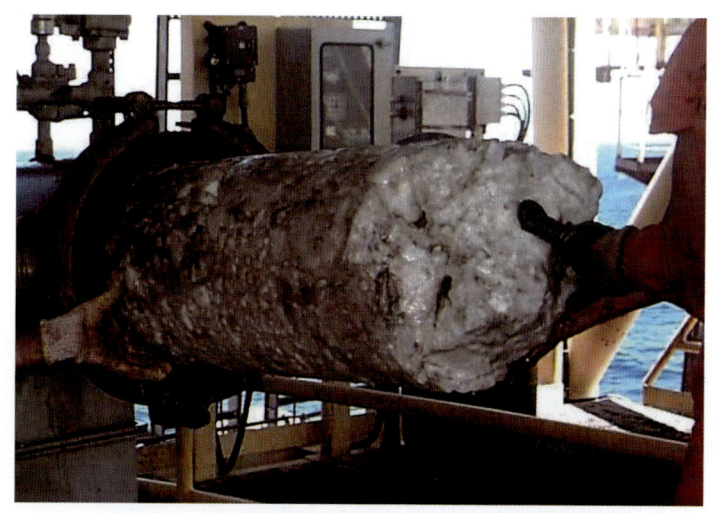

图1.6 天然气水合物堵塞了油气管道[19]

图1.7 天然气水合物影响海洋钻井作业[34]

(3) 自然原因和人为原因造成的天然气水合物分解具有较大的危害性。

天然气水合物是一种亚稳定态固体。天然气水合物稳定带内的地质条件变化造成的天然气水合物的分解可能导致海底垮塌和海底滑坡等灾害（图1.8）。随着海洋钻探与采油技术的不断发展，油气工业的勘探开发范围也不断扩大和深入，在加强陆上寻找化石燃料的同时，开始向海洋进军。在海底天然气水合物储层进行人为钻井和生产时，可能会造成无法控制的大量天然气释放、固井失败和井场下沉等危险事故。

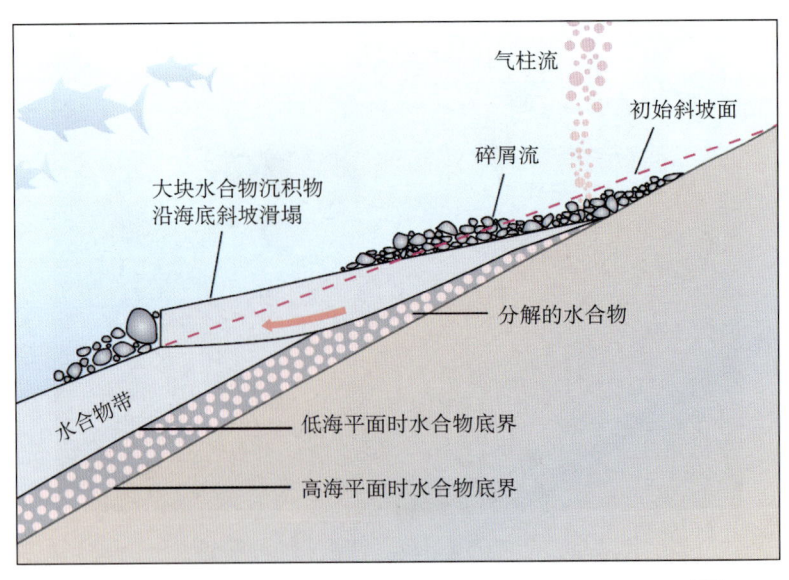

图 1.8 海底天然气水合物分解造成地质灾害示意图[33]

（4）甲烷是一种潜在的特殊温室气体。

甲烷的温室效应相当于同等质量 CO_2 的 20 倍[25]。全球范围内天然气水合物含有的甲烷约为大气中的 3000 倍[33]，天然气水合物在过去、现在和未来的全球气候变化中都扮演着重要角色。

（5）天然气水合物的高度集气能力作为高效的天然气固态存储方法（Gas-to-Solid，简称 GtS 技术）具有广泛应用前景[35]。据估计，世界上天然气总储量中的 70% 或者距离输送管线太远，或者不足以就地建造天然气液化工厂[1]，GtS 技术可以经济、灵活地解决这一问题。与 LNG 技术相比，GtS 技术可以节约约 25% 的成本。由于天然气水合物为固态，在遇到明火和泄漏等意外时更加安全。

（6）天然气水合物的特殊形成机制在化工方面有一定的应用潜力，例如移除油气中的小分子烃组分、排除溶液中的盐类和其他杂质等。

无论从上述哪个角度来看，天然气水合物对人类的生产和生活都有很大影响。其影响的方式和程度取决于自然界中的天然气水合物的物理化学特性和资源量。随着全球油气资源需求的加大和技术的进步，今天的非常规油气资源可能变为将来的常规油气资源，现在不经济的资源将来可能变为经济的资源。由于天然气水合物储层的地质条件复杂，开采手段仍在研究之中。在可以预见的将来，天然气水合物一定能作为一种巨大能源经济地进行大规模商业开采。

第 1 章 概 述

我国海域辽阔，冻土地区面积大，天然气水合物对我国来说是一种很有希望的新型能源。目前，对天然气水合物储层的研究基本上集中在两个方向：（1）成核、成矿和成藏的机理研究；（2）勘探、开发的理论与方法研究。常规的油气储层评价通常采用钻井岩心进行实验获得各种岩石物理参数，但天然气水合物在常温常压下不稳定、易分解，用保压手段获得天然气水合物岩心也不能维持原位状态的温度，导致获得的岩心数据并不完全可靠。保压取心价格昂贵、成本高，不可能成为常规的作业方法。

地球物理测井是应用地球物理学的一个分支，它是在勘探和开采石油、天然气、煤、金属矿等地下矿藏的过程中，利用各种仪器测量井下地层的各种物理参数和井眼的技术状况，以解决地质和工程问题的工程技术，也是应用物理学原理解决地质和工程问题的一种边缘性技术学科。天然气水合物中甲烷储量的准确计算仍然需要高分辨率的测量手段，地球物理测井方法在天然气水合物探测与储量评价领域发挥了重要作用并有巨大的应用潜力，其优势在于：

（1）地球物理测井，尤其是随钻测井，能够获得原位状态的地层信息；

（2）相对于钻探取心，地球物理测井具有连续性和经济性的优点。

随着天然气水合物探井的增多，地球物理测井方法日益受到重视。重要的天然气水合物产出地均不同程度地使用了测井方法来获取地层的物理响应，例如早期的美国阿拉斯加州 Northwest Elieen State 2 井[36]，DSDP84 航次 570 号钻孔，ODP164 航次[37]、ODP204 航次和 ODP311 航次，日本南海海槽天然气水合物勘探井[38]，近年来的中国南海神狐海域、青藏高原祁连山，美国艾尔伯特山试验井[39] 等。从日本南海海槽的水合物钻探开始使用了随钻测井方法，对准确描述原位状态的天然气水合物和确定天然气水合物储层深度起到了积极作用。

在油气资源的评价工作中，一般认为储层孔隙空间被流体（油、气和水）填充。而天然气水合物以固体形式存在于储层之中，存在方式多样而且不局限于孔隙中，分为分散状、核状、条状和层状。多种存在方式改变了地层的物理性质和各向均质性，大大增加了天然气水合物测井响应的复杂性。利用地球物理测井方法识别天然气水合物储层，需要进一步明确天然气水合物储层在测井曲线上的响应特征，发展有效的探测理论和评价方法。

天然气水合物的物理性质研究较多，但原位状态下的天然气水合物储层的地球物理性质并不十分明确。天然气水合物储层的定量评价基本套用常规油气藏的探测理论与评价方法，而常规油气藏的评价模型和方法，例如孔隙度、流体饱和度和渗透率等地质参数的计算方法，在天然气水合物储层的适用性也并不明确。天然气水合物藏的许多原位状态下的重要特性，常规方法无法探测，需要对现有方法的可靠性和可行性进行总结分析，在此基础上发展新的、科学有效的水合物表征与描述理论及探测方法。

1.3 天然气水合物研究的内容与方法

天然气水合物藏与常规油气藏评价的最大区别在于：常规油气资源评价过程中，认为孔隙空间被流体（油、气和水）填充，而天然气水合物以固态形式存在于地层中。天然气水合物特殊的物理性质决定了它的某些测井响应与常规油气水存在较大差别，因此天然气水合物储层的描述模型需要重新定义，同时需要分析相应定量计算方法的适用性。

针对上述现状，本书主要集中介绍利用地球物理测井方法识别天然气水合物，讨论含天然气水合物沉积物储层的表征与测井响应模型，探索利用地球物理测井资料计算天然气水合物储层的孔隙度、饱和度等地质参数的方法和流程，主要包括：

（1）从成因和机理上分析常规测井、成像测井和核磁共振测井等方法在天然气水合物储层的响应特征与利用这些方法建立定性识别天然气水合物储层的方法和参考标准；

（2）分析并验证利用常规油气藏评价方法的关系式计算和评价天然气水合物储层参数的效果和适用性；

（3）探索发展新的天然气水合物储层描述模型，研究利用电、声、核与核磁共振测井资料定量计算天然气水合物储层参数的方法；

（4）天然气水合物储层的测井评价流程。

第 2 章　天然气水合物的地球物理性质与形成条件

2.1　天然气水合物的地球物理性质

应用地球物理方法探测和估算自然界中的天然气水合物含量，首先需要了解天然气水合物的物理性质。

自然界中发现的天然气水合物多为白色、淡黄色、琥珀色、暗褐色的类冰固体，天然气水合物所在的地层多为未固化或半固化的沉积层。宏观上，天然气水合物的物理性质与冰相似，在力学（机械）性质上更为明显，因为从分子的构成上看，天然气水合物中含有至少85%（摩尔分数）的水。天然气水合物与冰的热传导系数差异较大，归结于二者的分子结构的差异。表2.1列出了国内外文献中公布的天然气水合物部分物理性质[7, 38, 40–43]。

表 2.1　天然气水合物的物理性质

性　质	冰	结构Ⅰ型	结构Ⅱ型
硬度（莫氏）	4	2～4	
介电常数（273K）	94	58	58
水分子数	4	46	136
水分子中质子的核磁共振刚性晶格二次矩	32	33	33
等温杨氏模量（268K，10^9Pa）	9.5	≈ 8.4	≈ 8.2
纵波速度，km/s（273K）	3.8	3.3	3.6
时差，μs/ft	80	92	
横波速度，km/s	1.957	1.89	1.65
纵横波速度比（272K）	1.88	1.95	1.97

续表

性　　质	冰	结构Ⅰ型	结构Ⅱ型
泊松比（268K）	0.325	0.317	0.32
体积模量（272K）	8.8	≈ 5.6	
剪切模量（272K）	3.9	≈ 3.2	≈ 2.4
体密度，g/cm^3	0.917	0.912	0.940
折射率（638nm，−3℃）	1.308	1.346	1.35
绝热体压缩系数（272K，10^{-11}Pa）	12	≈ 14	≈ 14
热传导系数，W/（m·K）	2.23	0.49	0.51
热容，J/（g·K）	2.097	2.003	2.029

通过实验可以方便、准确地获得天然气水合物的物理性质，但含天然气水合物储层的性质尤其是原位状态下的性质并不十分明确。

2.2　天然气水合物的形成条件与分布

2.2.1　天然气水合物稳定带与分布

天然气水合物在自然界中稳定存在的条件对于其储量计算来说十分重要。天然气水合物稳定带（Gas Hydrate Stability Zone，GHSZ）的分布范围依赖于压力、温度、充足的水和烃类气体来源等地质条件，客体分子成分和水中的离子杂质也有一定影响[33]。这些条件共同决定了自然界中发现的天然气水合物广泛分布于世界各地，但限于如下环境[3, 24, 25]：

（1）水深300m以上的大陆和岛屿斜坡地带的海洋沉积物中，主动和被动大陆边缘的隆起处；

（2）水深300m以上的内陆湖和内陆海的深水环境；

（3）陆相和海相大陆架的永久冻土沉积物（深度约130～2000m）中。

2.2.1.1　温度和压力条件

地层温度和压力是控制天然气水合物稳定带最重要的因素，主要受地质背景、地温梯度和流体对流扰动的控制。海洋和永久冻土带较浅地层中的地温梯度因地层性质和厚度的不同而有所差异，通常在 15～75℃/km 的范围内，绝大多数情况下为 30℃/km[44]。天然气水合物相边界的计算常使用流体静力学压力，而不是岩石层位学压力。

科学家们认为，约 98% 的天然气水合物资源积聚在大洋海底的沉积物中，另外的 2% 在陆上永久冻土带中[18]。天然气水合物可存在于 0℃ 以下，也可存在于 0℃ 以上的环境，根据地层温度和压力条件预测的天然气水合物在地层中的纵向分布带如图 2.1 所示[3, 25]。

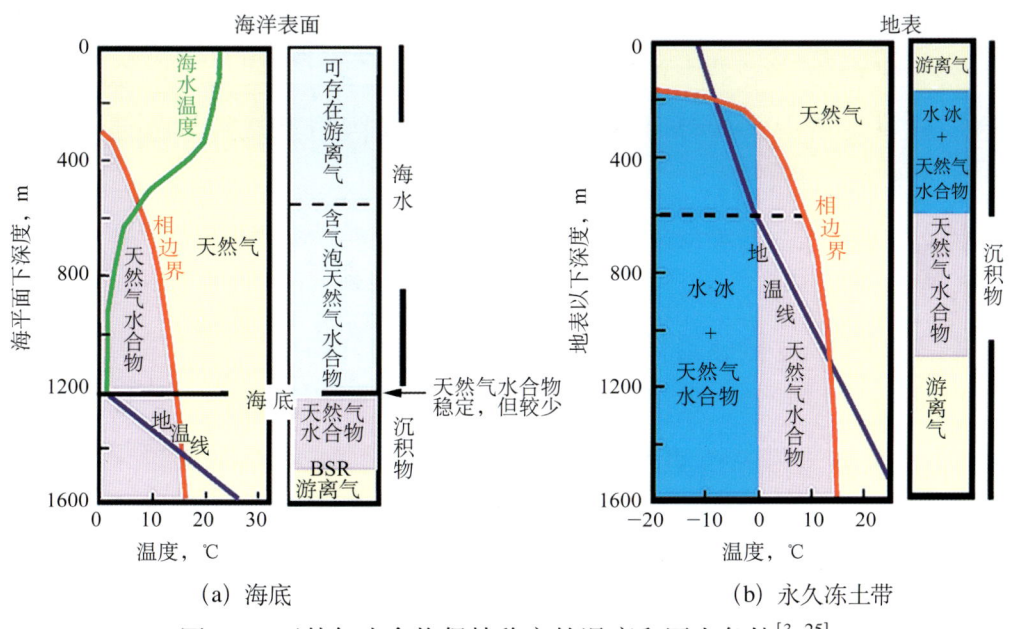

图 2.1　天然气水合物保持稳定的温度和压力条件[3, 25]

海洋环境中，天然气水合物不仅产出于海底以下的沉积物地层中，也有少量直接暴露在深海海底表面。天然气水合物的密度小于海水，它从海底的露头中分离后，在浮力的作用下不断上升并分解出甲烷气体（泡）。曾经有一艘小型拖网渔船于加拿大温哥华岛的大陆斜坡海底打捞到数吨天然气水合物[45]。

从全球已知的海洋天然气水合物产出地来看，以这种形态存在的天然气水合物的储量不大，主要出现在存在物理屏障（例如在天然气水合物露头上覆盖有石油或生物膜）能够阻止暴露在海底的天然气水合物一次性完全分解的条件下。在较深的地层中，天然气水合物可分散地分布在分化较好的沉积物中。天然气水合物稳定带底部之下的储层孔隙中会包含很多游离气，形成一个负波阻抗界面（详见2.3节）。

与海洋沉积物相比，陆上永久冻土环境中的天然气水合物在纵向深度上有更复杂的分布。典型的情况为：靠近地表的地层中含有状态稳定的甲烷气体，下部为水、冰和天然气水合物的共存带，更深的地层中与大洋海底天然气水合物储层类似。由于冰与天然气水合物的很多地球物理性质非常相似，估算水、冰和天然气水合物共存带中天然气水合物的含量和分布难度较大。陆上永久冻土环境中的天然气水合物的分布同时受到陆相水解过程的直接影响。

2.2.1.2 储层条件与气体组分的影响

充足的水和烃类气体来源是生成天然气水合物的基本条件。甲烷气体可直接由天然气水合物稳定带中的产烷微生物产生，但由于产出率和微生物含量较低，这部分甲烷较少。最有可能的是化石生物成因甲烷气经运移通道进入稳定带而形成天然气水合物藏。

客体分子类型、地层水的盐度和地层条件也在一定程度上影响着天然气水合物稳定带的分布[25]。乙烷和二氧化碳等能够形成结构Ⅰ型天然气水合物的物质会影响天然气水合物稳定带分布；在纯甲烷水合物中增加丙烷可使水合物从结构Ⅰ型变为结构Ⅱ型，使天然气水合物稳定带的范围变宽。地层水的盐度每增加3.3%（淡水与典型海水的差异），甲烷水合物生成的温度将下降约1.1℃，天然气水合物稳定带厚度也随之变薄。地层水矿化度变化的原因有很多，包括地层中盐类的溶解和天然气水合物的形成消耗了一定数量的淡水。另外，地层不同有可能形成不同的毛管压力影响稳定带分布。

截至2009年，全球发现天然气水合物产地132处，其中海底和湖泊沉积物中123处，陆地冻土带中9处[26]。由于满足天然气水合物形成的低温和高压条件在海底环境中分布更广，海洋沉积物中的天然气水合物含量较陆地中占绝对优势（图2.2）。

海洋天然气水合物产出地主要分布在：大西洋海域的墨西哥湾、加勒比海、南美东部陆缘、非洲西部陆缘和美国东海岸的布莱克海台等，东太平洋海域的中美海槽、美国加利福尼亚州滨外、秘鲁海槽，西太平洋海域的白令海、鄂霍茨克海、千岛海沟、日本南海、四国海槽、冲绳海槽、中国南海、苏拉威西海和新西兰北部海域等，印度洋的阿曼海湾，南极的罗斯海和威德尔海，北极的巴伦支海和波弗特海等[16, 46]。在大陆内海和较大湖泊下的沉积地层中也曾发现天然气水合物,如黑海、里海和贝加尔湖。

图 2.2　海洋和陆上天然气水合物物分布位置[18]

陆地冻土带天然气水合物地区主要有中国青藏高原、俄罗斯西西伯利亚、美国阿拉斯加州和加拿大麦肯齐三角洲地区[47]。

2.2.2　天然气水合物的产出形态

对于天然气水合物产出状态的描述,从不同的角度有多种分类方法。从外在产出形态来看,天然气水合物常以下面四种方式存在于地层之中(图 2.3)[13],不同的存在方式在不同程度上影响储层的非均质性。

(1) 分散状:以球粒状较均匀地散布于细粒岩石孔隙中,在海洋天然气水合物中占大多数。这种天然气水合物分解非常迅速,经常在岩心从海底运送到钻探船的过程中就已经完全分解,在岩心孔隙中仅仅留下淡水。由于天然气水合物在分解过程中要吸收热量,岩心温度通常很低。

(2) 结核状:存在于粗粒岩石孔隙中,直径可达 5cm,发现于墨西哥湾的格林峡谷(Green Canyon)。这类水合物中的气体为从深处迁移的热成因气体。

(3) 条状:以条状固体形式填充在地层沉积物间的裂缝中,存在于近海区域和永久冻土中,例如在布莱克—巴哈马脊(Blake–Bahama Ridge)获得的岩心中就有发现。

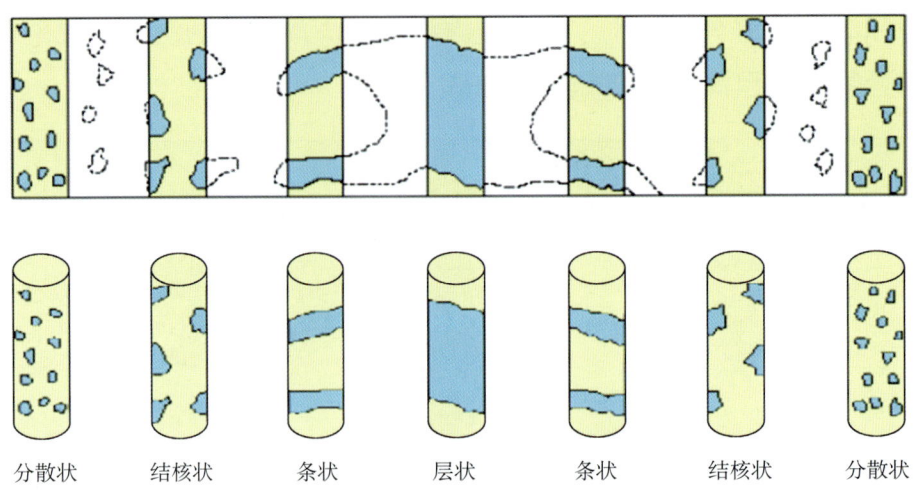

图 2.3 天然气水合物在储层中常见的四种形态

（4）层状：大块固态水合物伴随少量沉积物，在高渗透率地层经常起到胶结的作用。例如 DSDP84 航次 570 站位中发现 3～4m 厚、天然气水合物比例高达 95% 的大块样品，ODP164 航次在布莱克—巴哈马脊的 997 站位获得长度大于 30cm 的大块天然气水合物岩心。

海洋和陆上的天然气水合物储层厚度通常为几厘米到 30m [48]，Mallik 天然气水合物储层厚度超过了 110m [45]，近期印度和韩国发现厚度为 150m 以上的天然气水合物储层[49]。分散状和结核状的天然气水合物存在于岩石的孔隙之中，与常规油气藏中的流体赋存状态相似，适用多组分模型进行建模；相对较薄的条状储层很可能由于测井仪器分辨率的不足而无法通过常规测井曲线识别，应借鉴裂缝型油气藏的方法；大块层状的天然气水合物的测井响应特征和评价较为简单，这种产出物的尺寸通常大于测井仪器的纵向分辨率，其性质也可以与合成岩心进行比较[50]。

2.3 天然气水合物的重要地球物理标志——BSR

天然气水合物稳定带底部以下的地层岩石孔隙中常含有较多的天然气。这种上覆地层含有高声速的天然气水合物、下伏地层含有少量游离气的地层结构将形成一个负波阻抗界面，在海底的地震反射剖面上显示为与海底反射层平行的反射同相轴，称为似海底反射面（BSR）。

BSR 是识别海洋天然气水合物存在的最重要地球物理标志,世界上大部分海底天然气水合物储层都是通过 BSR 发现的。BSR 除了被用来识别天然气水合物的存在和编制水合物分布图外,还用来判明天然气水合物层的顶部、底部界限和产状,计算天然气水合物储层深度、厚度和体积。由于天然气水合物的底界面主要受所在海域的地温梯度控制,所以 BSR 基本平行于海底。

ODP164 航次 994 站位、995 站位和 997 站位所在区块的地震剖面如图 2.4 所示。这三个站位位于大西洋海域的美国东海岸外布莱克海台,其中在 994 站位和 997 站位都获得了大量的天然气水合物岩心。在图 2.4 上可以看出,仅 997 站位处有强烈的 BSR 显示[51]。

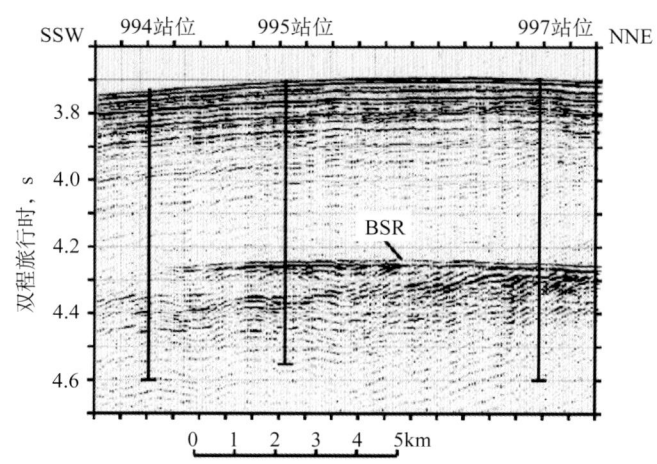

图 2.4 ODP164 航次 994 站位、995 站位和 997 站位所在区块的地震剖面[37]

世界上大部分海底天然气水合物储层都是通过 BSR 发现的,但天然气水合物与 BSR 并非一一对应,BSR 不能视为天然气水合物的唯一标志[52]。

(1) 事实证明,并非所有的海底天然气水合物都存在 BSR[53]。如果在天然气水合物稳定带下部没有自由气体,就没有构成 BSR 的条件;BSR 常常出现在斜坡或地形起伏的海域,在平缓的海底即使有天然气水合物也不易识别出 BSR。DSDP84 航次通过取心获得了大块天然气水合物样品,但地震剖面上未见到 BSR;ODP164 航次 994 站位同样获得了天然气水合物样品,地震剖面上也未发现 BSR,如图 2.4 所示。

(2) 在极少数情况下,其他因素也可能导致 BSR。尽管绝大部分天然气水合物层都位于 BSR 之上,深海钻探事实已经证明存在例外。

（3）陆地永久冻土带中很少有 BSR 出现。冻土层被冰所胶结，冰的地震波速与天然气水合物带的地震波速相近。天然气水合物与下部游离天然气的声阻抗变化不够剧烈，在地震剖面上表现不出明显的异常。

第 3 章　天然气水合物储层测井响应特征与定性识别

天然气水合物与石油、天然气一样储藏在地下具有连通的孔隙、裂缝或孔洞的岩石或沉积物中。这些具有连通的空间能储存油、气、水，又能让油、气、水在岩石空隙中流动的岩层，称为储层。地层评价是测井技术最基本和最重要的应用，也是测井技术其他应用的基础，即用测井资料划分剖面的岩性和储层，评价储层的岩性（矿物成分和泥质含量）、储层物性（孔隙度和渗透率）、含烃性（含烃饱和度和含水饱和度）和生产价值。

3.1 测井在天然气水合物储层评价中的应用

天然气水合物在常温常压下不稳定。地球物理测井方法，尤其是随钻测井方法，具有直接测量原位状态下的天然气水合物储层的物理性质的优势，相对于取心测量又有经济性和连续性等特点，充分显示了地球物理测井方法在天然气水合物勘探、评价和生产工作中的特殊优势。

1994 年，Gornitz 提出利用容积法计算天然气水合物中的甲烷含量[4]。利用容积法评定某一天然气水合物产区的甲烷储量需要确定 5 个主要的储层参数：天然气水合物产出区域的面积、储层厚度、储层孔隙度、含天然气水合物的饱和度和单位体积天然气水合物中甲烷的含量。在此资源评价过程中，地球物理测井方法主要有以下应用[21, 54]：

（1）识别天然气水合物储层，确定天然气水合物储层在纵向深度上的分布，根据探边井信息确定天然气水合物的产出面积；

（2）利用井孔信息为地面地震和其他地球物理资料提供刻度信息，进行校正；

（3）在岩石孔隙的尺度上确定天然气水合物的产状；

(4) 计算储层孔隙度，估算天然气水合物饱和度，进而计算甲烷天然气含量；

(5) 利用时间推移测井监测天然气水合物开发过程中的分解特性和地层性质变化。

从早期的美国阿拉斯加州 Northwest Elieen State 2 井、危地马拉中美海沟的 DSDP84 航次 570 号钻孔，到 ODP164 航次、ODP204 航次、IODP311 航次、日本南海海槽天然气水合物勘探井，再到开采试验井 Mallik 5L-38 井和 Mount Elbert 试验井均不同程度地使用了测井方法来获取地层的物理响应（表3.1）。

日本南海海槽的天然气水合物钻探的全部 6 口井中，地球物理测井测量都作为主要测量和评价方法（表3.2、图3.1）。其中一口井以随钻测井作为主要测量方法，包括随钻密度中子测井、随钻感应测井和方位侧向测井等项目。

表 3.1 ODP164 航次的测井作业信息[37]

井号	总深度 mbsf	测井作业次数	测井仪器组合	测井层段 mbsf
994C	703.5	1	相量双感应—球形聚焦电阻率（DITE）、数字声波（SDT）、岩性密度（HLDT）、补偿中子（CNT）、自然伽马能谱（NGT）、温度测井（TLT）	76.0～450.0
		2	次生伽马能谱（GST）	52.0～320.0
994D	670.0	1	相量双感应—球形聚焦电阻率（DITE）、长源距数字声波（LSS-SDT）、岩性密度（HLDT）、自然伽马能谱（NGT）	114.0～618.0
		2	剪切声波（SST）	191.0～613.0
995B	700.0	1	相量双感应—球形聚焦电阻率（DITE）、长源距数字声波（LSS-SDT）、自然伽马能谱（NGT）、温度测井（TLT）	134.0～639.0
		2	岩性密度（HLDT）、补偿中子（CNT）、自然伽马能谱（NGT）	134.0～639.0
		3	次生伽马能谱（GST）	135.0～634.5
		4	剪切声波（SST）	136.0～658.7
		5	微电阻率扫描（FMS）、通用测斜仪（GPIT）、自然伽马能谱（NGT）	145.0～658.7

续表

井号	总深度 mbsf	测井作业次数	测井仪器组合	测井层段 mbsf
997B	750.7	1	相量双感应—球形聚焦电阻率（DITE）、长源距数字声波（LSS-SDT）、自然伽马能谱（NGT）、温度测井（TLT）	113.0～715.0
		2	次生伽马能谱（GST）	115.0～683.0
		3	剪切声波（SST）	115.0～683.0
		4	微电阻率扫描（FMS）、通用测斜仪（GPIT）、自然伽马能谱（NGT）	115.0～681.0

注：mbsf 为海底以下的深度，单位为 m。

表 3.2　南海海槽天然气水合物勘探井的测井作业项目[38, 55]

井	主要测量方法	测井项目
测试井-1	水下机器人（ROV）监测	
测试井-2	随钻测井（LWD）	近钻头电阻率 补偿双电阻率 补偿密度中子
主井	连续取心 电缆测井 垂直地震剖面（VSP）	阵列感应成像 自然伽马能谱 偶极横波成像 高分辨率方位侧向
调查井-1	电缆测井 垂直地震剖面（VSP）	偶极横波成像 高分辨率方位侧向 自然伽马 核磁共振测井（CMR） 全井眼地层微成像
调查井-2	保温保压取样器（PTCS）	
调查井-3	电缆测井 垂直地震剖面（VSP）	偶极横波成像 高分辨率方位侧向 核磁共振测井（CMR） 全井眼地层微成像 模块地层动态测试器

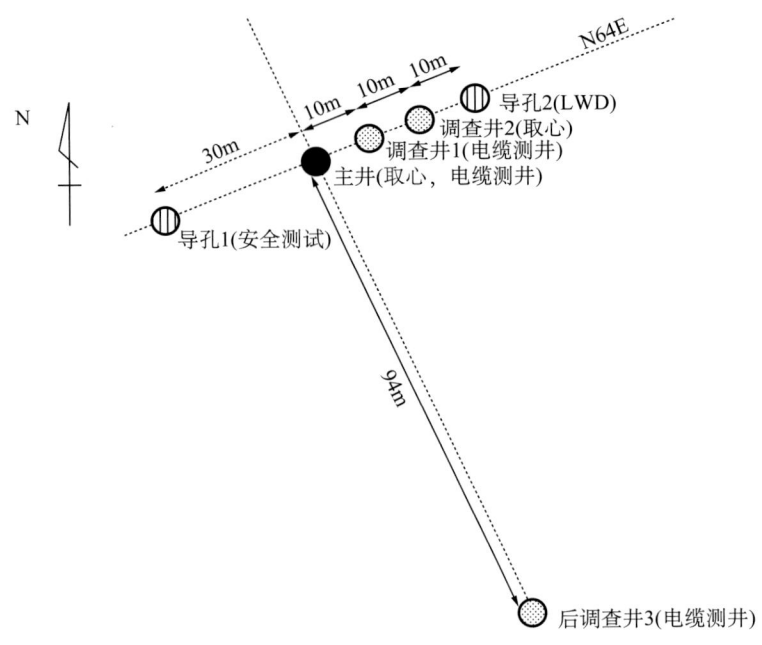

图 3.1　MITI 南海海槽钻井的位置与测井作业项目[55, 56]

2007 年，我国在位于南海北部陆坡的神狐海域成功钻取了天然气水合物实物样品，钻探实施过程中电缆测井方法对准确判断天然气水合物赋存层位起到了关键作用，尤其是电阻率测井、声波速度测井和井径测井等 3 条测井曲线清晰地反映出天然气水合物的存在[57]，为顺利地取到天然气水合物样品提供了十分重要的信息（表 3.3）。

表 3.3　神狐海域天然气水合物测井方法及输出参数[57]

测井仪器	输出参数	参数单位
自然伽马测井仪	自然放射性	API
电阻率测井仪	深探测电阻率 浅探测电阻率	$\Omega \cdot m$
密度测井仪	长源距密度 短源距密度	g/cm^3
声波全波列测井	纵波速度 横波速度	m/s
井温—井方位测井	地层温度 差分温度	℃
	井斜角 井方位	(°)

续表

测井仪器	输出参数	参数单位
井径仪	井眼直径	cm
中子测井仪	长源距计数率 短距计数率	cps

要确定天然气水合物、含天然气水合物沉积物在纵向深度上的分布，必须对各种地球物理测井方法对天然气水合物储层的响应进行研究，掌握天然气水合物在测井曲线、图像上的特征，分析总结储层判定标准；对天然气水合物储层进行精确的定量评价，应当使用恰当的岩石物理模型和响应方程建立测井仪器物理测量结果与地球物理参数的关系。

Mallik 5L-38 井试验性热开采的过程中使用了开采前裸眼井电阻率测井（侧向测井）与热开采中的套管井电阻率曲线确定天然气水合物分解半径，如图 3.2 所示。图中，RLA5 为电缆阵列深侧向，CHFR 为套管电阻率（两种测井方法的纵向分辨率与探测深度均接近），二者的差异说明地层电阻率有较大变化。热开采过程中天然气水合物分解释放出天然气到井眼中，在井壁附近形成了低

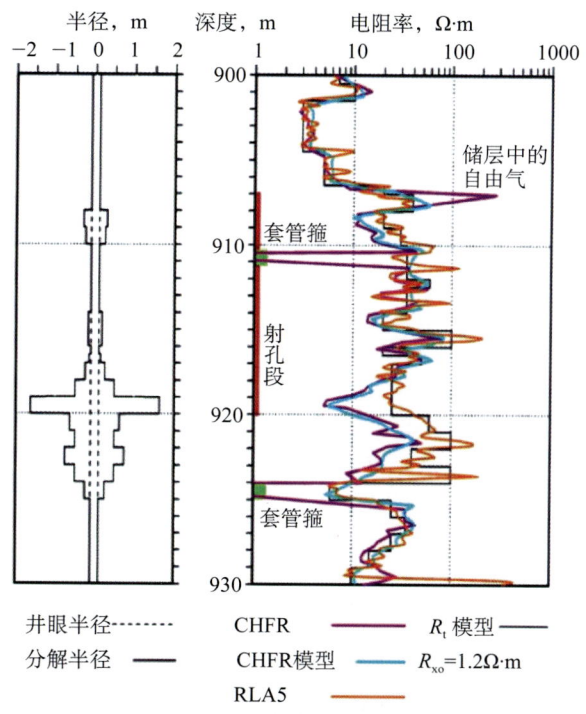

图 3.2 Mallik 5L-38 井开采前后的裸眼井与套管井电阻率曲线[21]

电阻率区域（918～924m），套管井曲线的读数低于裸眼井中的读数。

3.2 常规测井响应特征

天然气水合物的地球物理性质与地层中的岩石骨架、油层、气层和水层在很多物理性质上存在较大差异，这些差异必然在测井曲线上有其特殊的反映。

储层中的天然气水合物对地球物理测井响应的影响有两种方式：一种只依赖于孔隙中天然气水合物的含量的多少，如核磁共振孔隙度和密度测井；另一种不但与天然气水合物的含量有关，还取决于孔隙尺度下的孔隙介质与天然气水合物的接触关系，如声波速度和电阻率测井。

天然气水合物产出地的实际测井资料提供了典型的永久冻土带和大洋海底含天然气水合物储层的测井曲线特征（图3.3至图3.5）。

综合深海钻探计划、大洋钻探计划和永久冻土带天然气水合物产出地的常规测井数据的分析结果，根据其物理特征与对测井结果的影响方式，可总结出天然气水合物储层的常规测井响应特征。

3.2.1 井径

钻井过程中，当钻头钻至含天然气水合物储层时，地层的温度和压力条件被改变。如果没有适当的保护措施，固态天然气水合物会大量分解，岩石稳定性随之被破坏，井眼直径较其他层位明显扩大，井径曲线上显示较大的井眼尺寸（扩径）。这种现象严重时甚至会引起局部地层的垮塌，引发钻井事故。

ODP164航次中4个井位的天然气水合物探井的井径曲线显示部分层段已经超过了井径仪的最大测量范围（49.6cm），扩径严重，如图3.6所示。

天然气水合物储层的测井评价中，井径曲线对评价井眼规则程度和测井（尤其是浅探测仪器）资料的质量控制显得异常重要。例如，补偿中子测井仪的探测深度为5～15cm，属于浅探测仪器，天然气水合物的分解可能会使此范围内的组分变得复杂，造成仪器测量结果的偏差。

3.2.2 自然电位

实际测井资料表明，天然气水合物储层的自然电场并不大，自然电位曲线幅

第 3 章　天然气水合物储层测井响应特征与定性识别

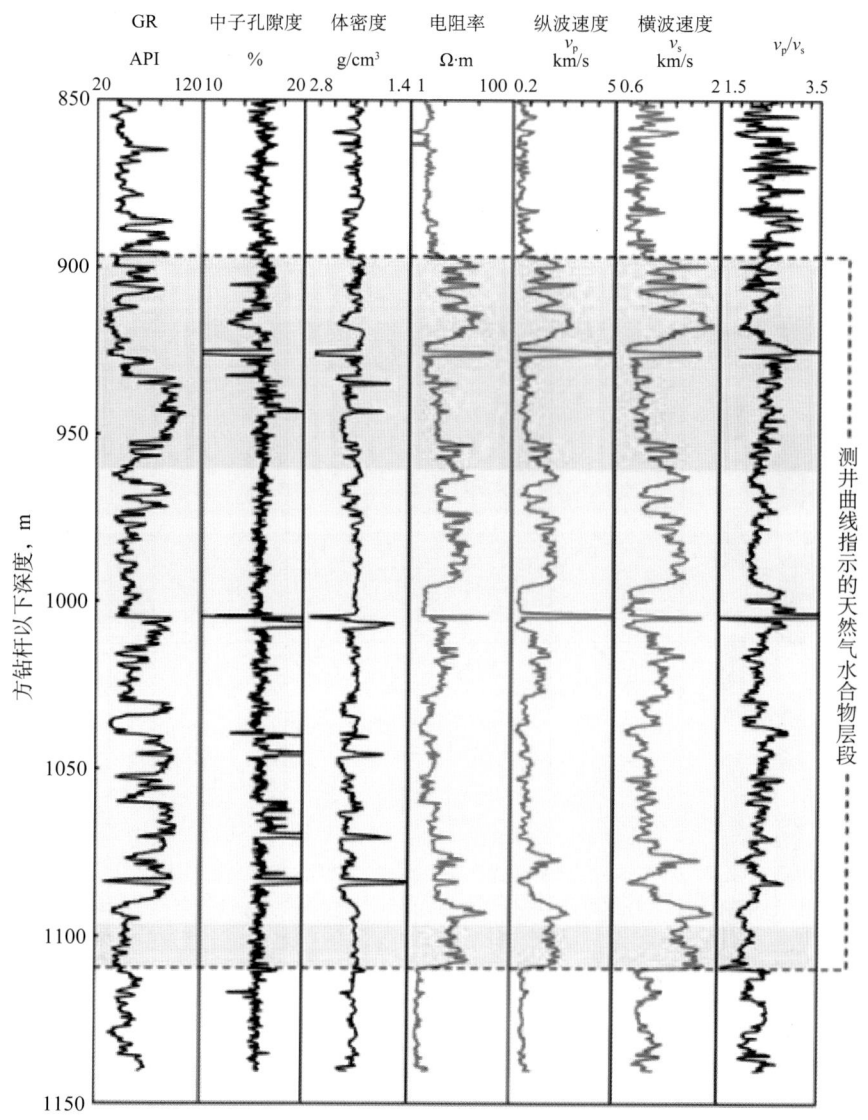

图 3.3　Mallik 2L-38 井天然气水合物储层的常规测井曲线[58]

度较为稳定,有时在天然气水合物与水层和气层相邻的层位出现负异常[61, 62]。钻头钻进引起天然气水合物的分解,使得该井段钻井液离子浓度降低,从而导致钻井液活度降低,天然气水合物储层上下岩层中的高活度地层水向该井段扩散(氯离子扩散速度比钠离子大),最终使天然气水合物赋存井段钻井液中负电荷数增多而呈现负的电位异常。自然电位幅度较小是由于固态的天然气水合物堵塞了储层的孔隙空间,降低了扩散作用和渗滤作用的强度,这一点与冰层相似[62]。目前还不能使用自然电位测井资料定量地计算储层参数。

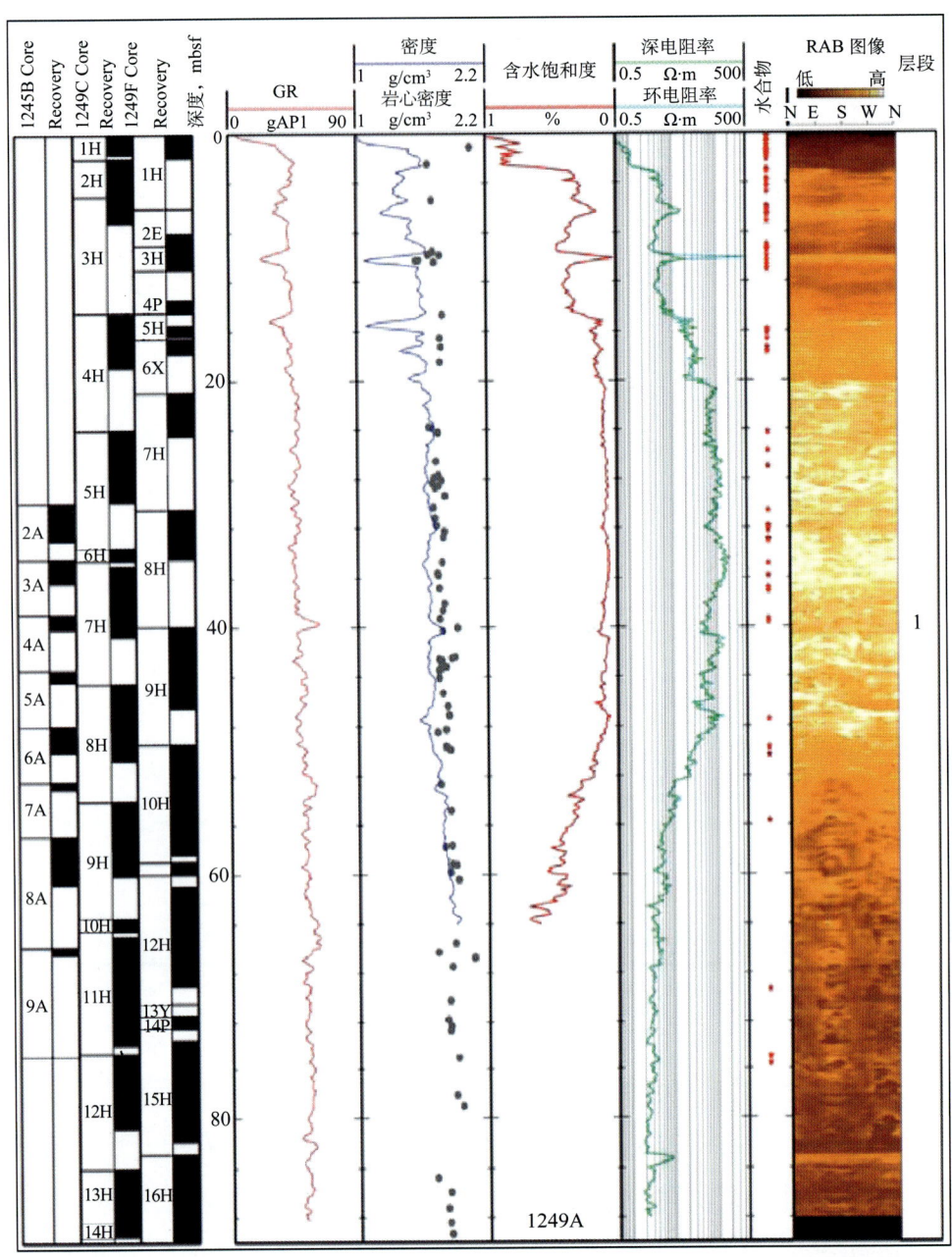

图 3.4 ODP204 航次 1249A 站位天然气水合物脊南脊顶部测井曲线[13]

3.2.3 自然伽马

自然伽马测井反映岩石所含放射矿物的多少。实际测井资料表明，含天然气水合物层段的自然伽马曲线表现为突然降低的特征。沉积物中自然伽马能谱的强弱与有放射性作用的黏土含量有关，天然气水合物在形成时不但要从上下

第 3 章 天然气水合物储层测井响应特征与定性识别

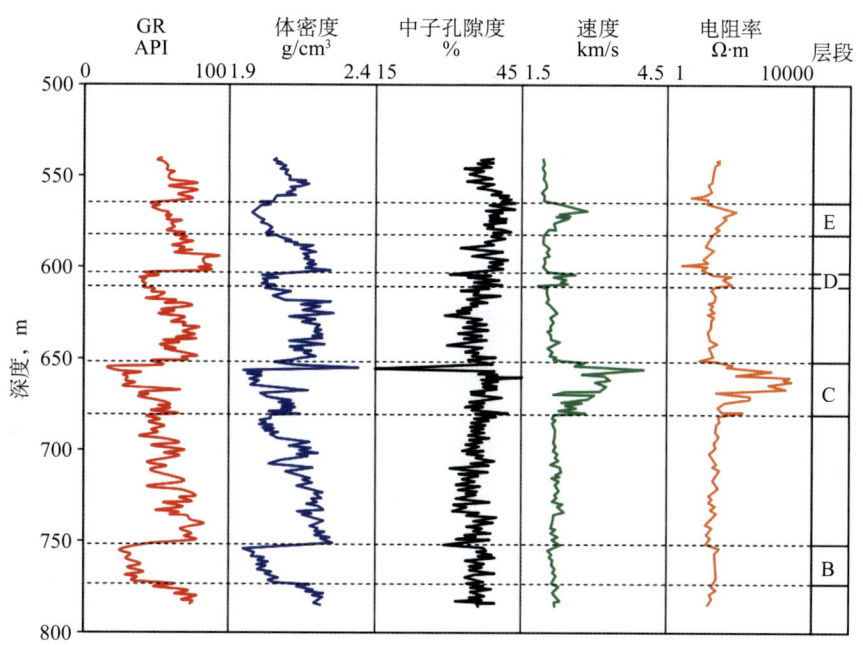

图 3.5 永久冻土带中 Northwest Eileen State 2 井的裸眼井测井曲线[59, 60]
C、D 和 E 层段解释为天然气水合物储层，B 层段为水和天然气层

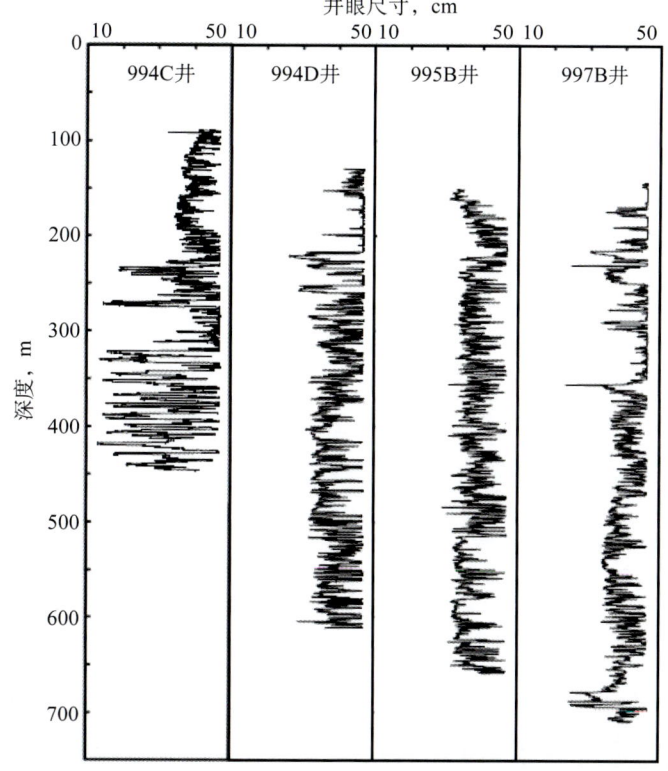

图 3.6 ODP164 航次四个井位天然气水合物探井的井径曲线

岩层中吸取大量的水分子，还要吸收大量来自下伏沉积物中的烃类气体，由此导致单位体积沉积物内的黏土含量相对减少，从而使得含水合物层段的自然伽马值相对降低[63]。

3.2.4　声波时差

天然气水合物为固态，既能够传播纵波，又能传播横波，这与气层和水层明显不同。天然气水合物的纵波时差约为80μs/ft，与石英的纵波时差（55μs/ft）也有很大差别，而且明显小于水的纵波时差（190μs/ft，与盐度、温度和压力有关）和天然气的纵波时差（超过200μs/ft，取决于气体密度等因素）[64]。

天然气水合物储层的声波时差与饱和水或游离气的储层相比有所降低，横波时差（与温度和压力有关）变化较小，为利用纵横波时差比和泊松比识别天然气水合物提供了理论和现实依据。天然气水合物与冰的横波波速和纵波波速都非常相近。在永久冻土带中，声波时差测井资料同样无法区分天然气水合物与冰层。

3.2.5　密度

天然气水合物的密度（约0.91g/cm^3）略小于水（1g/cm^3），但差别不大，与天然气（0.1～0.2g/cm^3）差别较大。含天然气水合物层位的密度曲线与非储层相比明显降低，与饱和水的层位相比也略有降低（详见第4章）。大量的含天然气水合物地层的实测曲线也证实了这一点。曲线上天然气水合物层与水层密度值相差均不超过10%，足够将天然气水合物层同水层区分出来，但不能将其同冰层区分出来。

3.2.6　中子孔隙度

实验表明，只有淡水才能同甲烷一起生成天然气水合物。天然气水合物形成时要从邻近岩层中吸取大量的淡水，而且单位体积的天然气水合物中有大约20%的水被甲烷代替形成笼形结构。相对于水，甲烷含有更多的氢（含氢指数为1.07左右），增加了单位体积地层内的含氢量，从而使中子孔隙度测井在天然气水合物层段响应值略高（相对于同等状态下的水层大约高出6%～7%）。这与含游离气层位中子孔隙度明显降低恰好相反，在某些测井方法不能区分这两种储层时，可使用这种方法进行识别。

3.2.7 电阻率（电导率）

对于双感应测井，天然气水合物层位在深、浅电阻率测井曲线上都相对水层具有高的电阻率偏移，略小于气层，例如阿拉斯加州北部冻土带中天然气水合物储层的双感应电阻率为 50～1000Ω·m [36]。这是由固态天然气水合物本身的高电阻率，加上天然气水合物层段的岩石孔隙和裂缝被固态水合物填充，岩石致密、孔渗性差引起的[52]。钻进期间甲烷水合物分解而释放异常高浓度的甲烷也是其产生的重要原因。如果钻井的过程中天然气水合物分解，深、浅电阻率曲线测量值能够产生足够的差异而分开[62]。

永久冻土带中，天然气水合物储层在双感应电阻率曲线上的响应并不能与冰层明显区分。在含冰地层基线之下，天然气水合物层段与非含冰层段有明显的差别。ODP889 站位的视电阻率测井曲线上，天然气水合物沉积层的顶部呈"台阶状"突变增大，如图 3.7 所示。

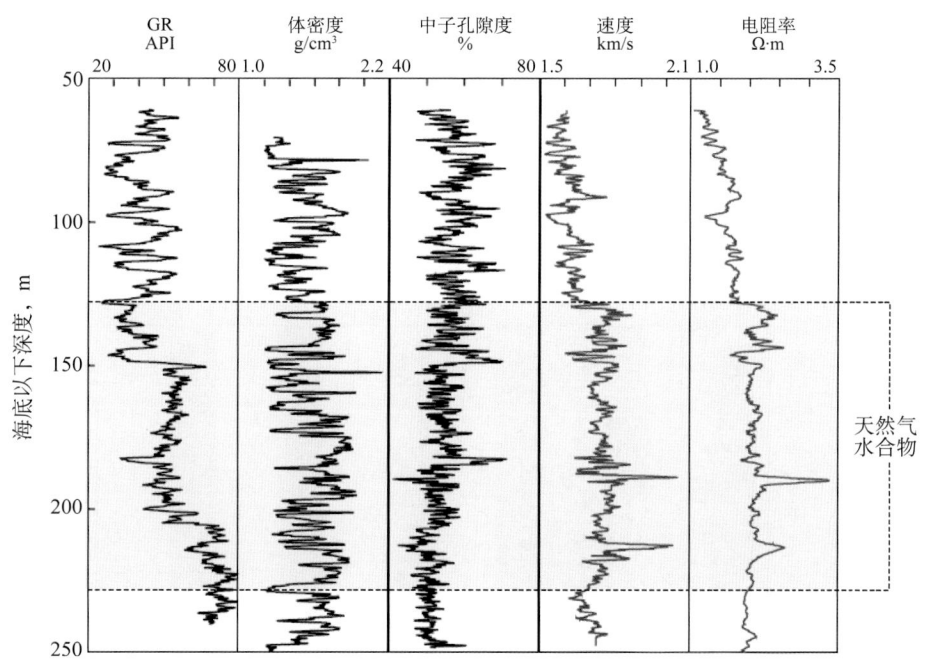

图 3.7　ODP889 站位天然气水合物层段的实测曲线特征[58]

3.2.8 钻井速率

天然气水合物储层中钻井的钻进速率相对较低，这是由天然气水合物天然的胶结属性所决定的[62]。冰层也有类似的效应，所以在永久冻土带不能利用钻井速率的变化识别天然气水合物储层。

3.2.9 钻井液录井

钻头的钻进会破坏天然气水合物稳定存在的条件，天然气水合物分解时释放出大量的甲烷到钻井液中，钻井液录井上相应井段将有大量的自由甲烷气体显示。

3.3 电成像测井响应特征

电成像测井是根据地层中岩石、流体电阻率的不同，通过测量井壁各点的电阻率值，把电阻率值的相对高低用灰度（黑白图）或色度（彩色图）来表示的测井方法。电成像测井可以直观地反映天然气水合物储层性质和结构的信息，已经成为天然气水合物电缆测井和随钻测井中的标准测井项目。常用的电成像测井仪器主要包括高分辨率地层微电阻率扫描成像测井仪（FMS）、地层微电阻率成像测井仪（FMI）和随钻近钻头电阻率成像测井仪（LWD RAB）。

ODP204航次钻井取心结果与随钻电阻率成像处理结果的对比见图3.8，获取到天然气水合物岩心样品的16个位置（五边形）与图像中高亮带（高电阻率）有很好的对应关系。

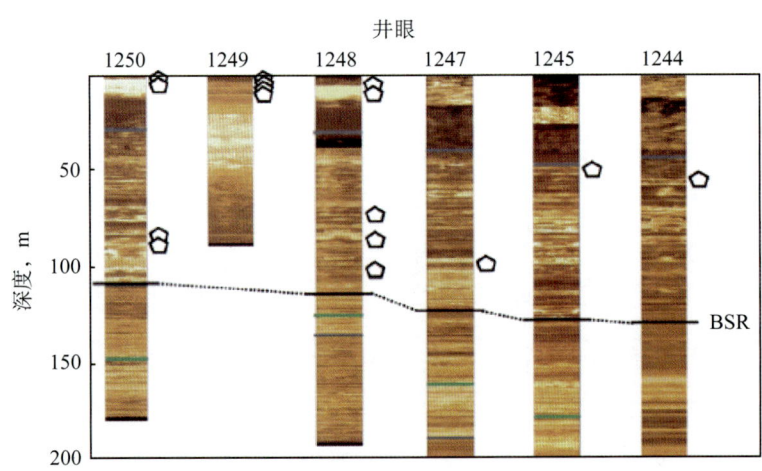

图3.8 ODP204航次随钻电阻率成像图与天然气水合物取心结果对比[65]

通过其他测井和取心已经确定Mallik 2L-38井在899～1101m之间存在一段较厚的天然气水合物储层。为了进一步评估原位状态下的天然气水合物性质，进行 FMI 测井得到动态和静态两张图像。静态 FMI 图像将全井段数据使用 16 级色标进行刻度；动态 FMI 图像在指定的井段内单独进行色标刻度（1m 井段使用 64 级色标），反映的信息更加丰富，如图 3.9 所示。

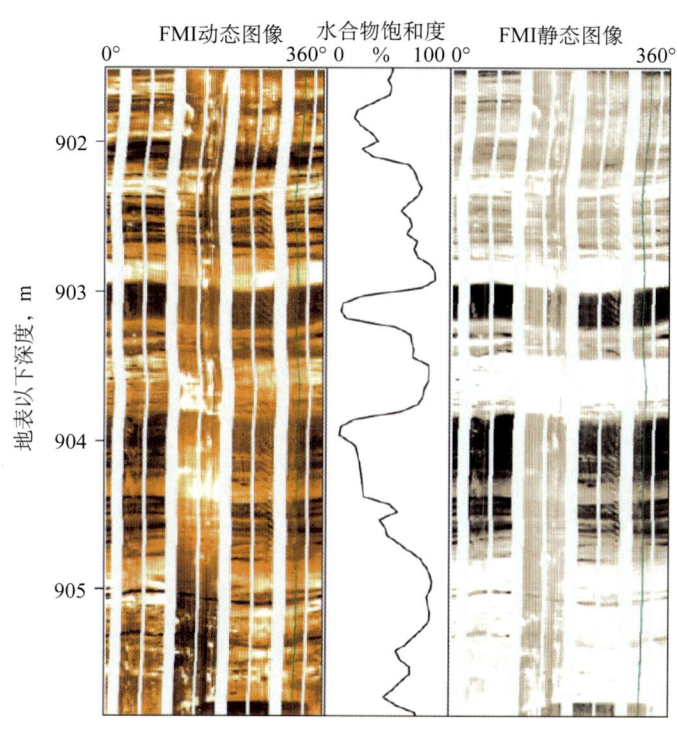

图 3.9　Mallik 2L-38 井位天然气水合物储层的 FMI 图像与饱和度[58]

天然气水合物有较高的电阻率，储层的电阻率因此增高，对应 FMI 图像上的高亮度带。通过与阿尔奇（Archie）公式计算得到的饱和度曲线对比，发现 FMI 图像中高电阻率带（颜色较亮）与高饱和度层、低电阻率带（颜色较暗）与低饱和度储层有非常好的对应关系。对 FMI 识别出的天然气水合物储层进行取心，结果显示原位状态下的天然气水合物多为薄沉积层中的孔隙填充型。

阿拉斯加州永久冻土带的艾尔伯特山的天然气水合物探井（Mount Elbert Gas Hydrate Stratigraphic Test Well）中使用的油基钻井液微电阻率成像测井仪（OBMI）具有 4 支正交的贴井壁极板，每个极板上具有 16 个直径 5mm 的纽扣电极。单次测量可在直径 25cm 的井眼中获得覆盖井壁 30% 的图像，纵向分辨率约为 5mm，可以得到高分辨率的井壁微电阻率图像，进行精细的沉积学和地层结构评价，分辨薄层、孔洞、裂缝和纹理。电阻率的测量结果也通过彩色或灰度图像的方式以地磁北极为基准进行显示，并可以确定地层倾角。

随钻电阻率成像系统 LWD GeoVISION（GVR）可以提供与电缆 FMS 相似的井壁微电阻率图像，但 GVR 具有覆盖全井眼的测量范围、更高的纵向分辨率和水平分辨率。图 3.10 为 GeoVISION 和 EcoScope 在 GOM JIP（Gulf of Mexico Gas Hydrate Joint Industry Project）航次Ⅱ中 GC995-H 井中的应用。

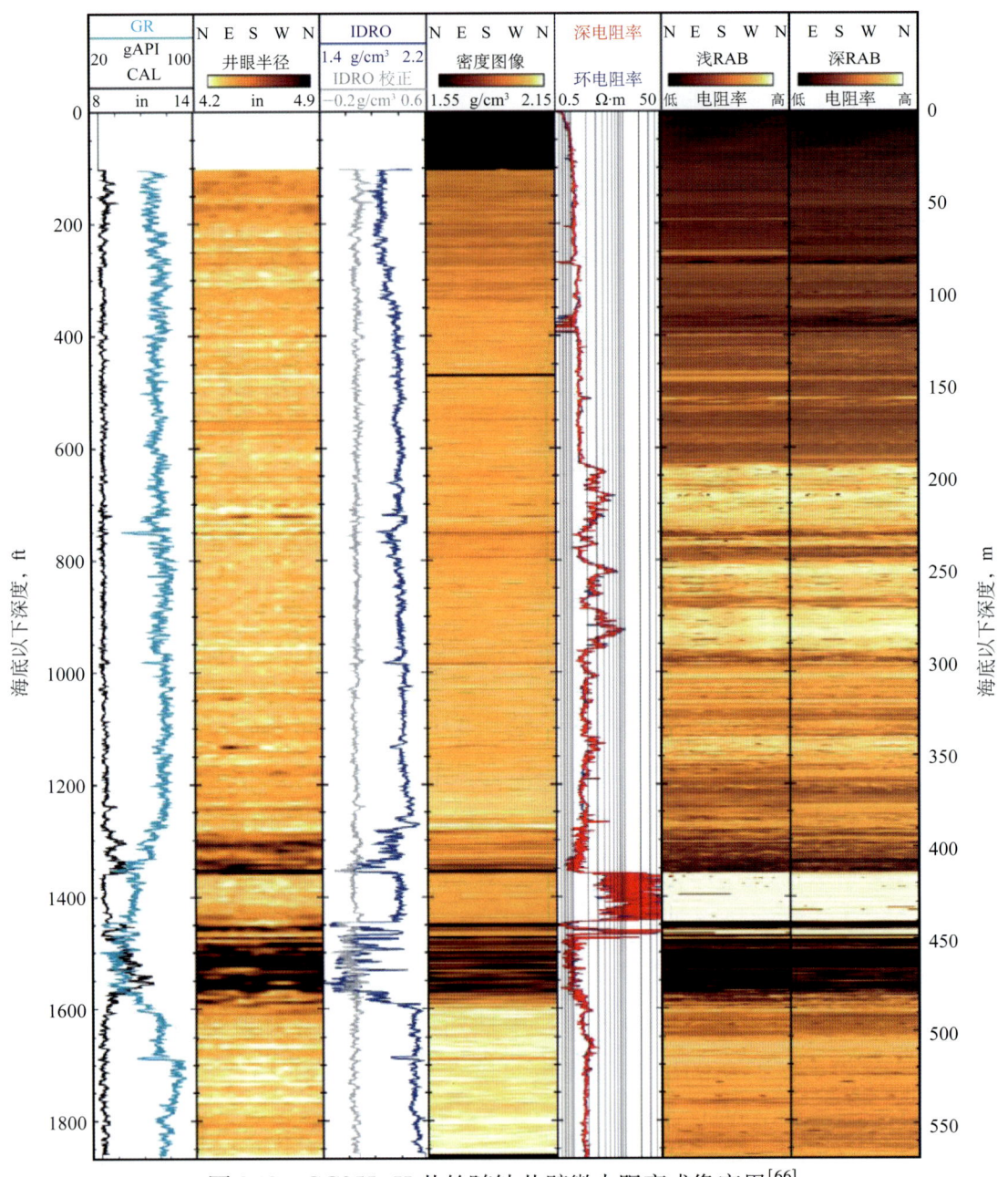

图 3.10　GC955-H 井的随钻井壁微电阻率成像应用[66]

GeoVISION 提供了深、中、浅电阻率和自然伽马图像，EcoScope 提供了密度图像、井眼半径、自然伽马和光电指数。图 3.10 中展开的图像约 70cm 宽

(8.75in. 井眼)。天然气水合物储层（1350～1450ftbsf，ftbsf=ft below seafloor，即海平面以下深度，单位为 ft）表现出高电阻率和低密度的特征。

电成像测井不仅能识别天然气水合物，在纵向上划分天然气水合物范围，还能提供局部的分布状态，通过识别裂缝和断层寻找天然气运移通道，作为定量计算的重要参考和关键证据。

GC955-H 井的 630～690ftbsf 层段显示填充了天然气水合物的裂缝信息，在电阻率图像上显示为正弦式的电阻率形态（图 3.11）。含有高倾角的天然气水

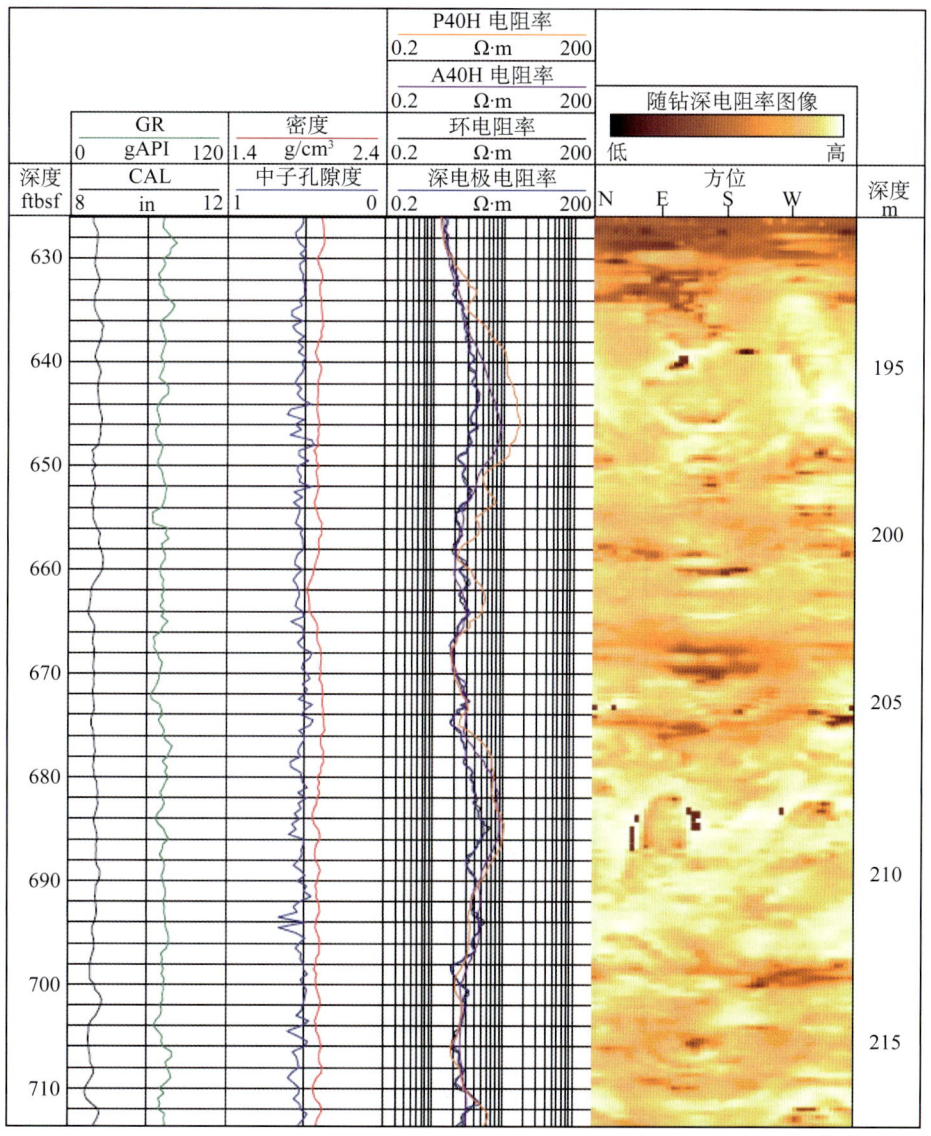

图 3.11　GC955-H 井 626～714ftbsf 层段的随钻深电阻率图像[67]

合物裂缝的层段在电磁波传播电阻率曲线上也有显示，如 P40H 和 A40H 的读数大于 P16H 和 A16H，这是由于电阻率较高的裂缝平面形成了电阻率的各向异性。

如果地层中积累了大量的自由天然气，当气体压力大于上部盖层压力时能够形成裂缝。如果温度和压力等条件合适，裂缝表面将形成天然气水合物。日本南海海槽中某层段的部分测井结果中，天然气水合物储层中部存在很大的地层倾角，与天然气从下部通过大角度裂缝向上运移形成天然气水合物藏的假设一致（图 3.12）。

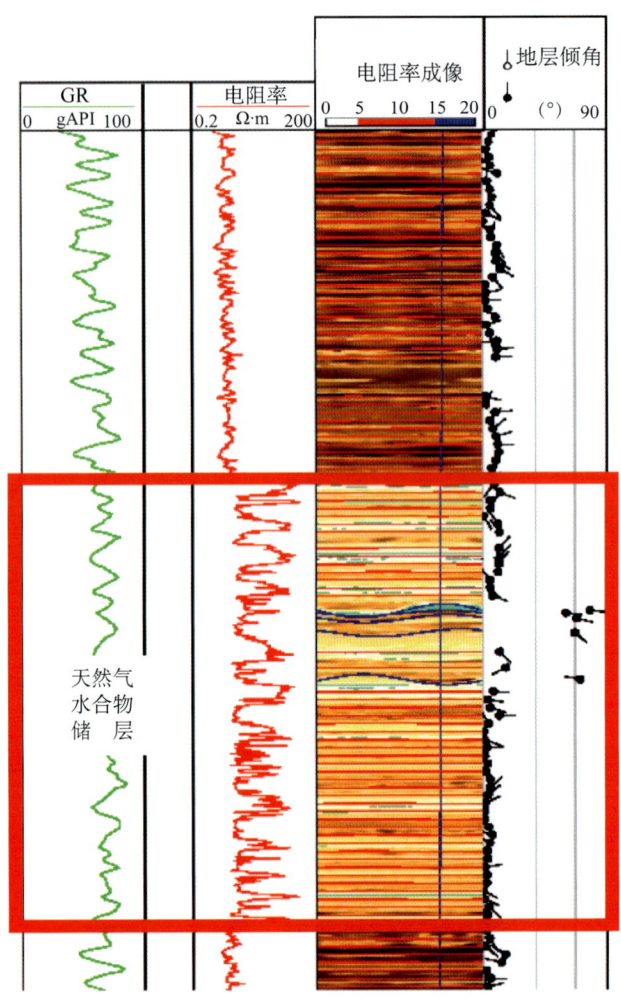

图 3.12　南海海槽某层段测井结果[68]

3.4 核磁共振测井响应特征

核磁共振（Nuclear Magnetic Resonance）用于天然气水合物的研究最早见于 1984 年[69]，这项技术在天然气水合物的结构、成因、热力学及动力学等基础问题研究中发挥了重要作用。

目前，核磁共振岩心分析、电缆核磁共振成像测井、随钻核磁共振测井和井下核磁共振实验室广泛应用于油气的勘探与开发，具有非常重要的地位和意义。许多著名的天然气水合物钻探都进行核磁共振测井，积累了大量天然气水合物储层的核磁共振测井资料，实验室核磁共振水合物快速分析仪器和方法也得到发展。

ODP204 航次首次在天然气水合物井眼中使用随钻核磁共振测井仪（proVISION）进行随钻核磁共振测量[70]，进行的 9 次作业都得到了高质量的测井数据（表 3.4）。

表 3.4　ODP204 航次中的随钻核磁共振测井作业信息[70]

井眼	水深 m	随钻测量井段 m	proVISION 随钻测量	proVISION 滑动测量
1244D	906.0	0～380	√	√
1245A	882.0	0～380	√	—
1246A	859.0	0～180	√	√
1247A	837.0	0～270	√	—
1248A	839.0	0～194	√	—
1249A	787.0	0～90	√	—
1249B	787.0	0～90	—	—
1250A	806.0	0～210	√	—
1250B	806.0	0～180	√	√
1251A	1216.5	0～380	√	—

3.4.1 天然气水合物的核磁共振弛豫性质

3.4.1.1 孔隙介质中的核磁共振弛豫

饱和在孔隙中的流体与在自由状态下的流体的核磁共振弛豫机制有很大的不同。饱和在孔隙介质中的流体处在一个有限的空间内，其扩散受到孔壁的限制，发生受限扩散。如果流体是润湿相，流体分子与颗粒表面发生碰撞产生能量交换，引起纵向弛豫加快；同时，自旋发生不可逆转的失相，引起横向弛豫的加速。

孔隙中的流体共受体积弛豫、表面弛豫和扩散弛豫三种弛豫的影响（图 3.13）[71, 72]：

$$\frac{1}{T_{2\text{CPMG}}} = \frac{1}{T_{2B}} + \frac{1}{T_{2S}} + \frac{1}{T_{2D}} \tag{3.1}$$

式中　$T_{2\text{CPMG}}$——流体的横向弛豫时间；

　　　T_{2B}，T_{2S}，T_{2D}——流体的体积弛豫时间、表面弛豫时间和扩散弛豫时间。

（1）体积弛豫。流体本身特有的弛豫性质，由流体的物理特性（如黏度）和化学成分控制。单相流体处于扩散不受限制的空间时，由 CPMG 脉冲序列测得的磁化矢量衰减曲线服从指数规律。

（2）表面弛豫。对于润湿相的流体与颗粒接触的表面，流体分子受扩散作用与岩石颗粒表面发生碰撞，把核自旋的能量传递给表面，使质子自旋沿 B_0 重新取向，引起纵向弛豫的加快；在单一尺度的孔隙中，由表面弛豫导致的磁化矢量衰减同样服从指数规律。

对于润湿相流体，表面横向弛豫速率不依赖孔隙的形状，仅取决于孔隙的比表面积：

$$\frac{1}{T_{2S}} = \rho_2\, S/V \tag{3.2}$$

式中　ρ_2——表面弛豫强度；

　　　S/V——孔隙的比表面积（孔隙表面积与体积之比）。

对于简单的几何形状，S/V 是孔隙尺寸的函数。例如，球形的表面积与体积之比是 $3/r$，r 是球的半径。假设所有孔隙具有相似的几何形状时，最大孔隙的

S/V 较低，T_2 值较长；最小的孔隙 S/V 较高，T_2 值较短。

如果岩石中只含有一种流体，经过恰当的刻度，其 T_2 分布可以与岩石的孔径分布相对应。

（3）扩散弛豫。分子扩散引起横向弛豫的变化称为扩散弛豫，回波间隔增大时尤为突出。当外加磁场为梯度磁场时，扩散弛豫同时受外加磁场梯度与内部梯度场的影响；当外加磁场为静磁场时，扩散弛豫受内部梯度场的影响。物理特性（如黏度）和分子构成控制扩散系数，环境条件、温度和压力也影响扩散弛豫。

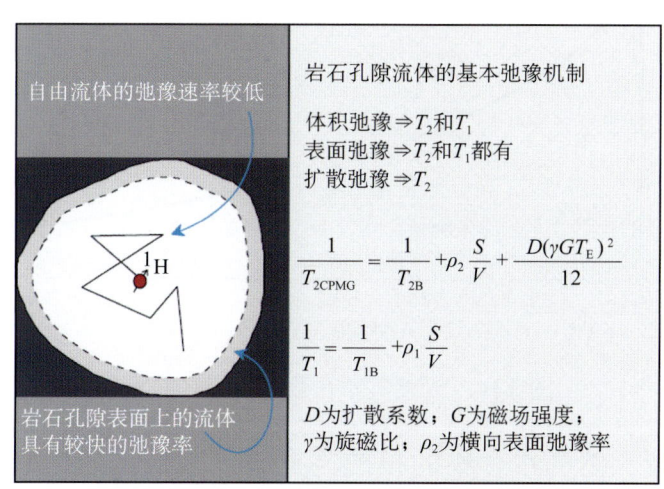

图 3.13　孔隙流体的三种弛豫机制

储层岩石通常存在一个孔隙的分布，因此由 CPMG 脉冲序列记录的磁化矢量幅度衰减（横向弛豫测量回波串）不是单个 T_2 值的衰减，而是 T_2 值的分布，可以写成指数衰减加和的形式：

$$M(t) = \sum_i M_i(0)\exp\left(-\frac{nT_E}{T_{2i}}\right) \tag{3.3}$$

式中　$M_i(0)$——来自第 i 个弛豫分量的磁化矢量初始值；

　　　T_E——回波间隔；

　　　T_{2i}——第 i 个弛豫分量。

所有弛豫分量对应的磁化矢量的加和与流体孔隙度成正比，经刻度后为核磁共振孔隙度 ϕ_{NMR}。

3.4.1.2 天然气水合物的弛豫时间

1986年，Davision等对墨西哥湾的天然气水合物天然样品进行了核磁共振研究[73]，虽然未直接给出关于天然气水合物的弛豫时间和自由流体指数（FFI）等岩石物理信息，但通过测量得到的天然气水合物的核磁共振波谱可以对天然气水合物的弛豫性质进行推测。

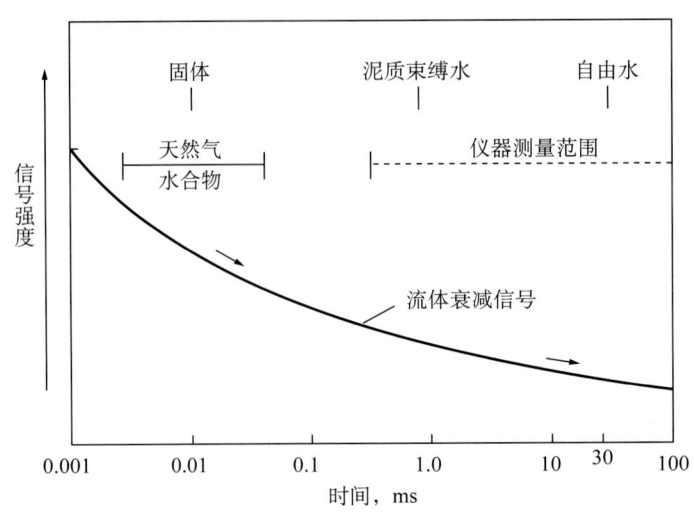

图 3.14　天然气水合物 T_2 的范围[70]

假设结构 I 型天然气水合物的核磁共振谱线和自由感应衰减都符合高斯函数，核磁共振二次矩就与横向弛豫时间 T_2 成反比关系[70]。如果结构 I 型天然气水合物中水分子的核磁共振二次矩约为 $33G$，可推算其 T_2 约为 0.01ms。T_2 与油、气、水（包括自由水和束缚水）等流体的横向弛豫时间相比非常短，与固体岩石骨架的横向弛豫时间接近。天然气水合物的横向弛豫时间小于目前用于油气探测的低频核磁共振井眼测量仪器的最短有效探测时间（仪器死时间），因此目前还无法利用核磁共振测井仪器直接探测天然气水合物。

天然气水合物的纵向弛豫时间 T_1 通常比横向弛豫时间 T_2 大很多，在几百毫秒到几秒之间，但纵向弛豫时间的测量比较复杂。图 3.15 为地下 1000m 处的甲烷气、2000m 处的甲烷气、自由水、水合物中的冰、甲烷水合物的 T_1—T_2 交会图，灰色部分是孔隙水的 T_1—T_2 分布范围。大部分物质的 T_1 均大于 T_2。T_2 小于 2×10^{-4}s 的信号在 CMR 的死时间内。天然气水合物中的水和甲烷的 T_2 相等，但不明确[74]。

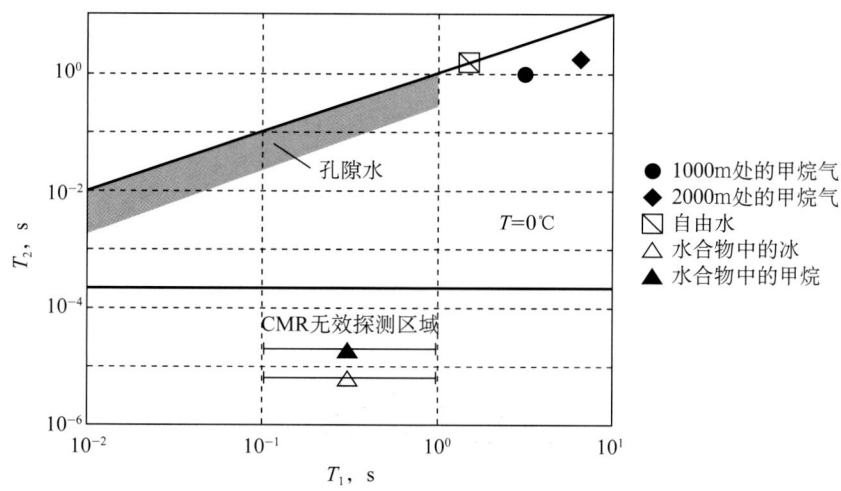

图 3.15 天然气水合物储层中各组分的核磁共振弛豫性质[74]

核磁共振测井测量计算得到的储层总孔隙度是探测区域中流体含氢指数与孔隙度的综合反映。当含有流体的地层处在梯度磁场内时，改变 CPMG 脉冲序列的回波间隔 T_E 和等待时间 T_W，可以实现 T_1、T_2 和扩散系数 D 之间的耦合，采集得到包含二维核磁共振测井信息的原始回波串数据，推导出二维核磁共振测井的响应方程。

考虑到天然气水合物横、纵向弛豫时间的较大差异，在理论上考察二维核磁共振测井在天然气水合物探测中的应用可能。假设储层的孔隙中含有四种成分，分别是束缚水、自由水、天然气和天然气水合物，由宏观磁化量的可加和性得到亲水型岩石饱含天然气和天然气水合物的 T_1—T_2 二维数值模拟分布（图 3.16）。

天然气水合物的 T_1 与 T_2 差别很大，在 T_1—T_2 二维核磁共振谱分布上的峰值位置较为明确，但天然气水合物的 T_2 太短始终是实际应用中的最大困难。

3.4.2 核磁共振测井孔隙度特征

核磁测井仪器不能直接探测到天然气水合物，利用核磁共振测井资料（T_2 谱）直接计算得到的核磁共振孔隙度不包含固态天然气水合物的贡献。天然气水合物储层实测的视孔隙度明显小于储层的实际孔隙度，由核磁共振测井资料直接计算的含天然气水合物储层的自由流体指数也明显偏低。

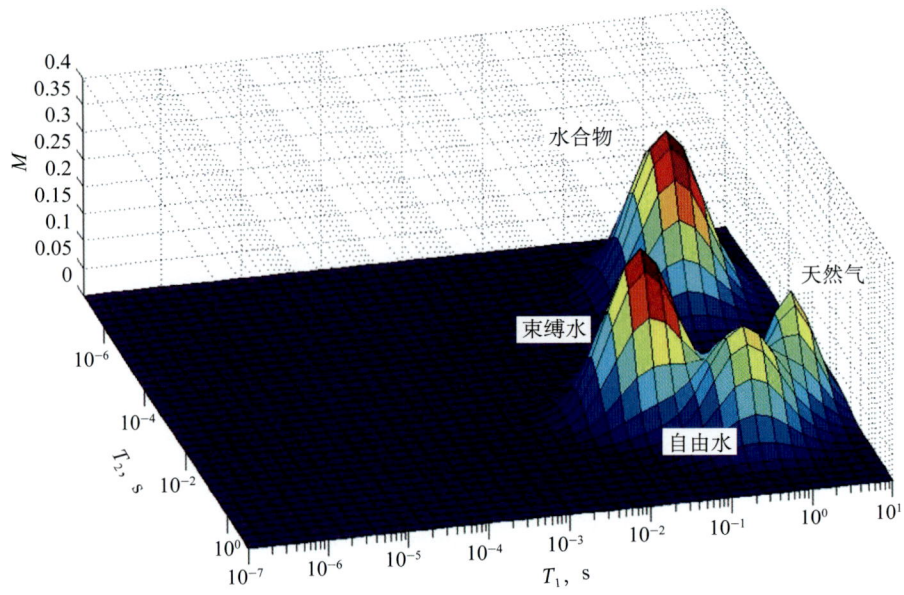

图 3.16　天然气水合物基于 T_1—T_2 的二维核磁共振分布图

ODP164 航次中四个井位的整个深度段中,随钻核磁共振测井得到的沉积物孔隙度范围在 35%(井底)~80%(靠近海底)之间。经实际取心资料验证的含天然气水合物层位的核磁共振孔隙度明显小于岩心测量孔隙度,呈尖峰状,与期望结果吻合。上部地层存在的核磁共振测井孔隙度值过大与岩心分析结果不吻合的情况是由井眼冲刷造成的(图 3.17)。

天然气水合物层段在核磁共振总孔隙度曲线上显示明显的低值这一特征可作为储层定性识别的重要参考,但这一响应特征与气层的响应相似。单独使用此方法进行天然气水合物储层的定性识别还需进一步深入研究。事实也表明,在 BSR 以下也存在核磁共振视孔隙度明显减小的气层。

核磁共振测井孔隙度与另一种总孔隙度(岩心、中子或密度孔隙度)的联合处理解释可以估算储层饱和度(详见 4.4.1 节)。

3.5　天然气水合物储层的测井定性识别

美国阿拉斯加州普拉德霍湾—库帕鲁克河地区是继苏联麦索亚哈气田之后研究较多的天然气水合物产区。1972 年,阿拉斯加州北部斜坡的西北部艾

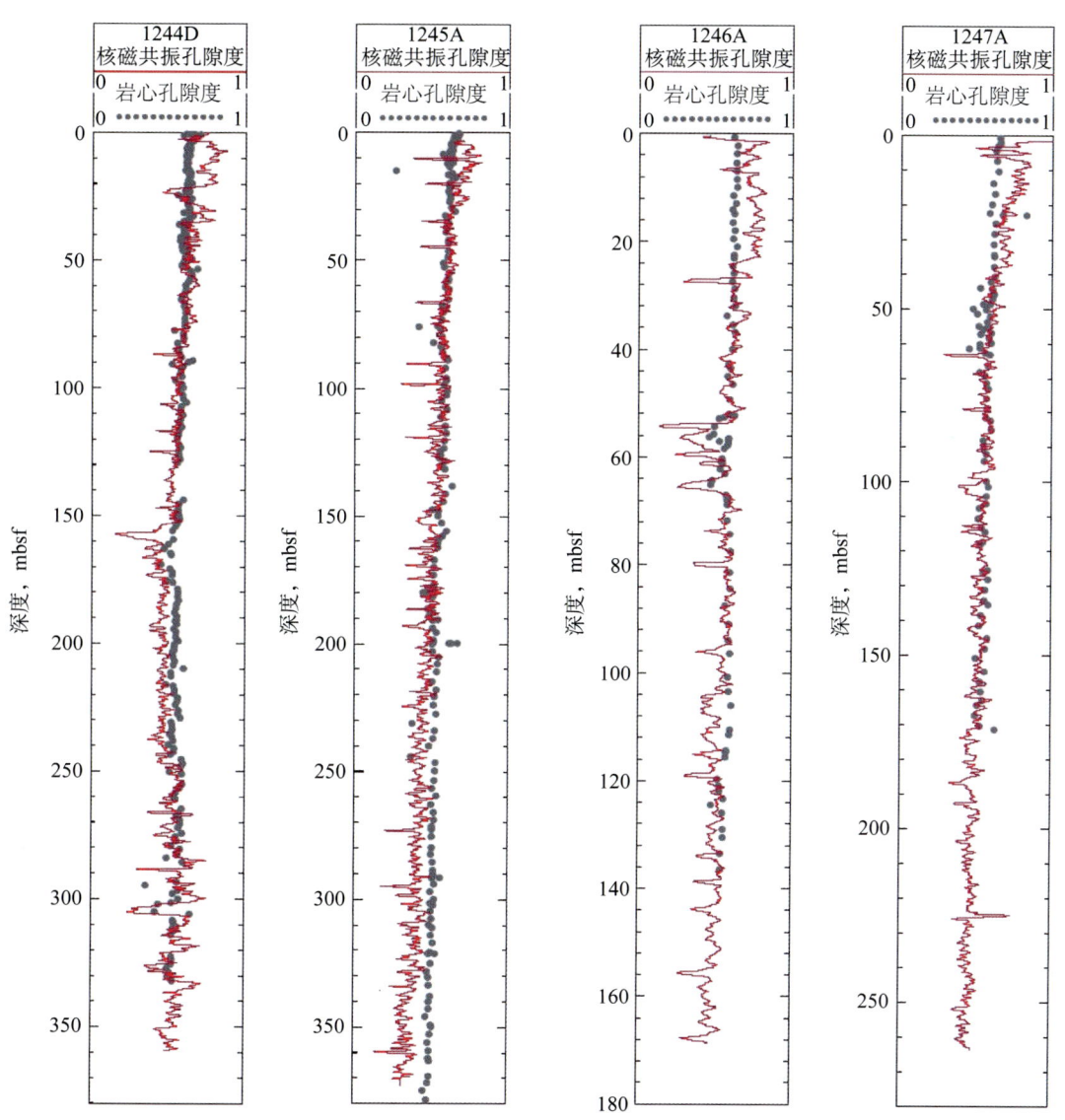

图 3.17 ODP164 航次中四个井位的核磁共振测井孔隙度与岩心孔隙度曲线[70]

琳湖 Northwest Eileen State 2 号探井（图 3.18）657m 深处，使用保压取心技术获得了天然气水合物样品，证实了天然气水合物的存在，天然气水合物储层分布在 210～950m 之间。对后续 445 口井的测井数据进行分析，并与初探井测井曲线进行对比，在横向连续的砂岩层中的 50 口井中识别出天然气水合物[31, 48]。这项工作发现，天然气水合物储层在声波测井曲线表现为较高的声速，与冰层非常相似；电阻率曲线读数较高，指示储层中有烃的存在；录井上的大量自由气体显示非常明显，但与气层的差别不大。

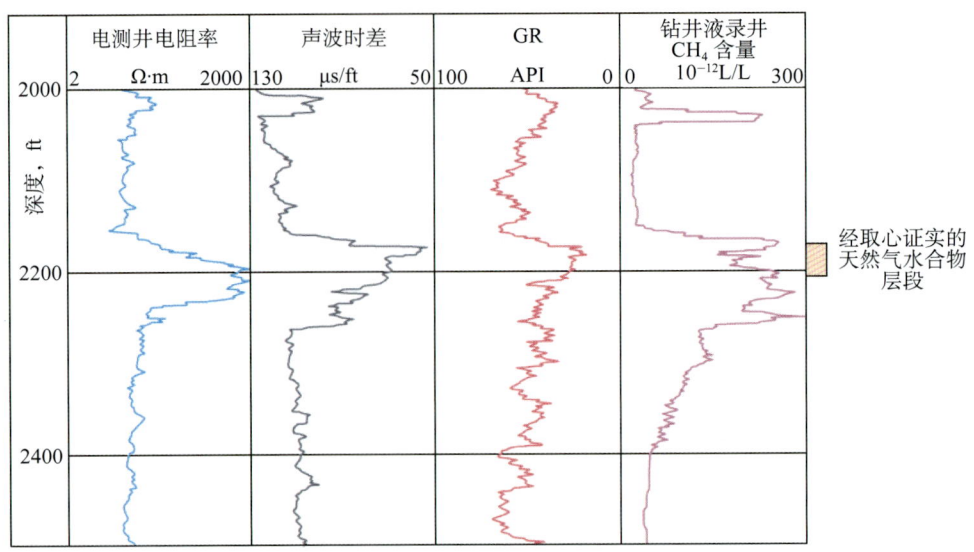

图 3.18　Northwest Eileen State 2 井天然气水合物层段测井曲线特征[48]

1983 年，Collett 在阿拉斯加州北坡利用测井曲线确定水合物存在的过程中，综合天然气水合物在常规测井上的响应特征的理论分析与实际资料，最早给出利用常规测井方法识别天然气水合物储层的 4 个条件[31]：

（1）较高的电阻率，大约是水电阻率的 50 倍以上；

（2）较短的声波传播时间（约比水低 40μs/ft）；

（3）钻探过程中有明显的气体排放（气体体积浓度为 50‰ ~ 100‰）；

（4）解释出的天然气水合物储层至少存在于两口井以上（仅在布井密度高的地区）。

天然气水合物储层在电阻率测井和声速测井上的响应特征突出，而且电阻率测井和声速测井（图 3.19）是十分常用的测井项目，因此这两种测井方法在绝大多数的天然气水合物测井评价中一直是首选识别方法。例如，1982 年，深海钻探计划 DSDP84 航次在危地马拉太平洋沿岸中美洲海槽的 570 站位，通过钻井取心获得 1.05m 长的块状天然气水合物岩心，其层段的测井曲线显示低自然伽马（15 ~ 25API）、高电阻（约 155Ω·m）、高声速（约 3.6km/s）、高中子孔隙度（约 67%）和低密度（约 1.05g/cm^3）特征[75]。

天然气水合物储层除了在常规测井曲线上有明显特征之外，核磁共振孔隙度较其他全孔隙度明显减小、FMI 图像上显示高亮等特征也是识别天然气水合物储层的重要特征，是判定是否为天然气水合物储层的重要依据。

第3章 天然气水合物储层测井响应特征与定性识别

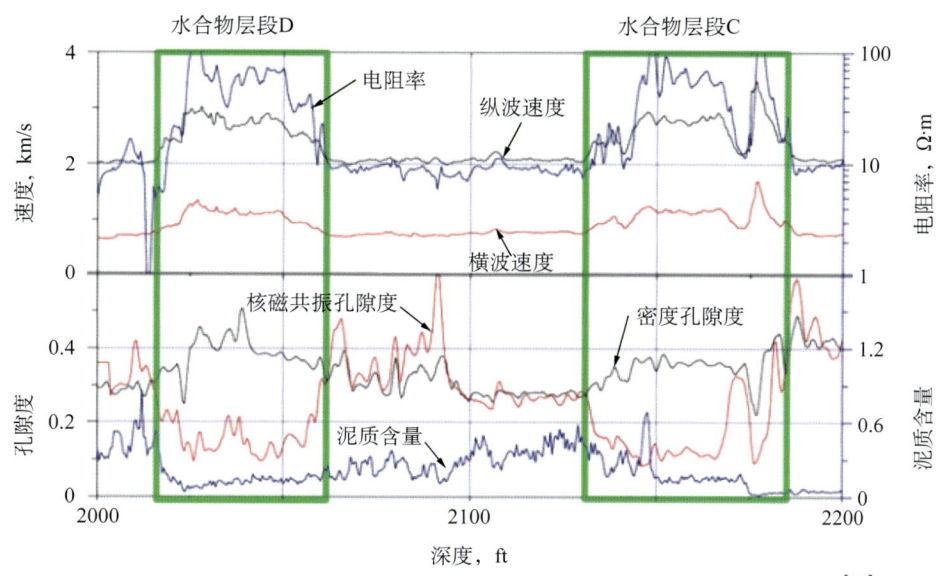

图3.19 Mount Elbert Well 2000～2200ft 井段的一组测井曲线[76]
C、D层段已经确定为天然气水合物储层

录井曲线上显示的大量自由天然气是识别天然气水合物储层的重要补充。在永久冻土带利用测井资料识别天然气水合物时，冰的很多物理属性与天然气水合物相似，录井资料中的大量天然气指示常作为最后的决定性手段[62]。实际识别中需要注意：(1) 在天然气水合物稳定带底部以下的地层中含有少量的游离气；(2) 即使存在天然气水合物，也可能由于未分解而在录井上没有大量天然气显示。

Mallik 5L-38井（图3.20）是加拿大的麦肯齐三角洲"Mallik 2002"天然气水合物生产研究项目的重要研究目标。天然气水合物在地表的温度和压力下不稳定，利用地球物理测井方法确定原位状态下的天然气水合物储层性质受到极大重视，常用的有微差井径、自然伽马、密度、密度孔隙度、深电阻率、纵波波速和横波波速。

图3.20中，井下电阻率和声波时差测井（横波和纵波）曲线显示天然气水合物储层段为891～1109m。天然气水合物层段深电阻率较大（10～120Ω·m），纵波波速 v_p 达到了 2.5～3.6km/s，横波波速 v_s 范围为 1.1～2.0km/s。该井段的沉积物中取到大量岩心，大部分为粗粒岩石孔隙中的结核状和伴随少量沉积物的层块状。

我国首次在冻土带发现天然气水合物的工作中，地球物理测井方法起到了

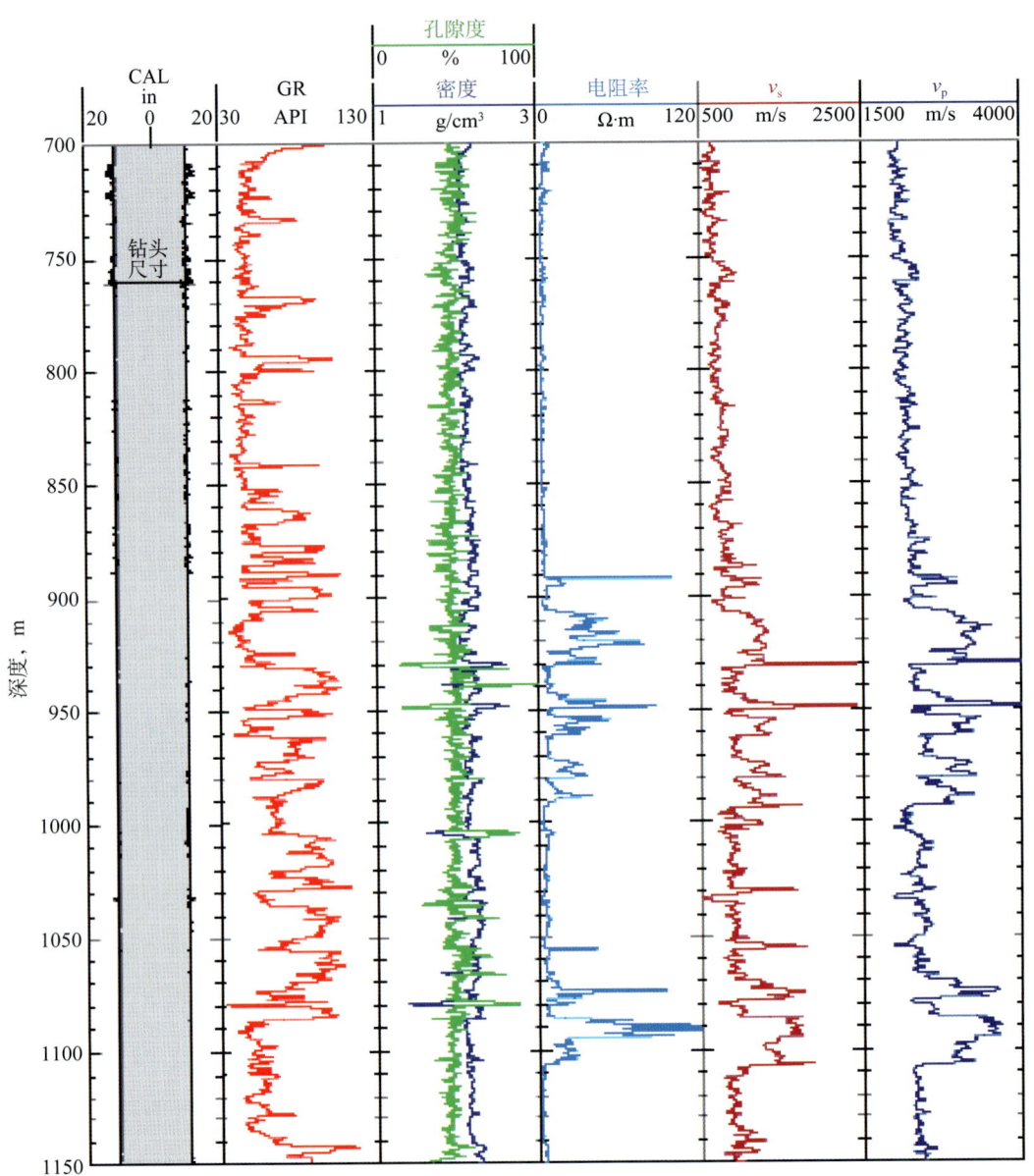

图 3.20　Mallik 5L-38 井测井曲线识别天然气水合物储层实例[21]

十分重要的作用。图 3.21 所示为祁连山冻土区 DK-1 孔测井曲线图[26]。测井结果显示含天然气水合物层段呈现明显的高电阻率和高波速特征,部分层段的密度和自然伽马有小幅度降低,为天然气水合物的识别提供了重要证据。

天然气水合物测井的井眼条件常常十分恶劣,尤其是在固结不好的海洋沉积物地层中,井壁不稳定且存在较深的侵入,导致测井曲线质量很差。利用测井曲线能识别天然气水合物储层,不同的测井曲线也可能得到不同的解释结果,

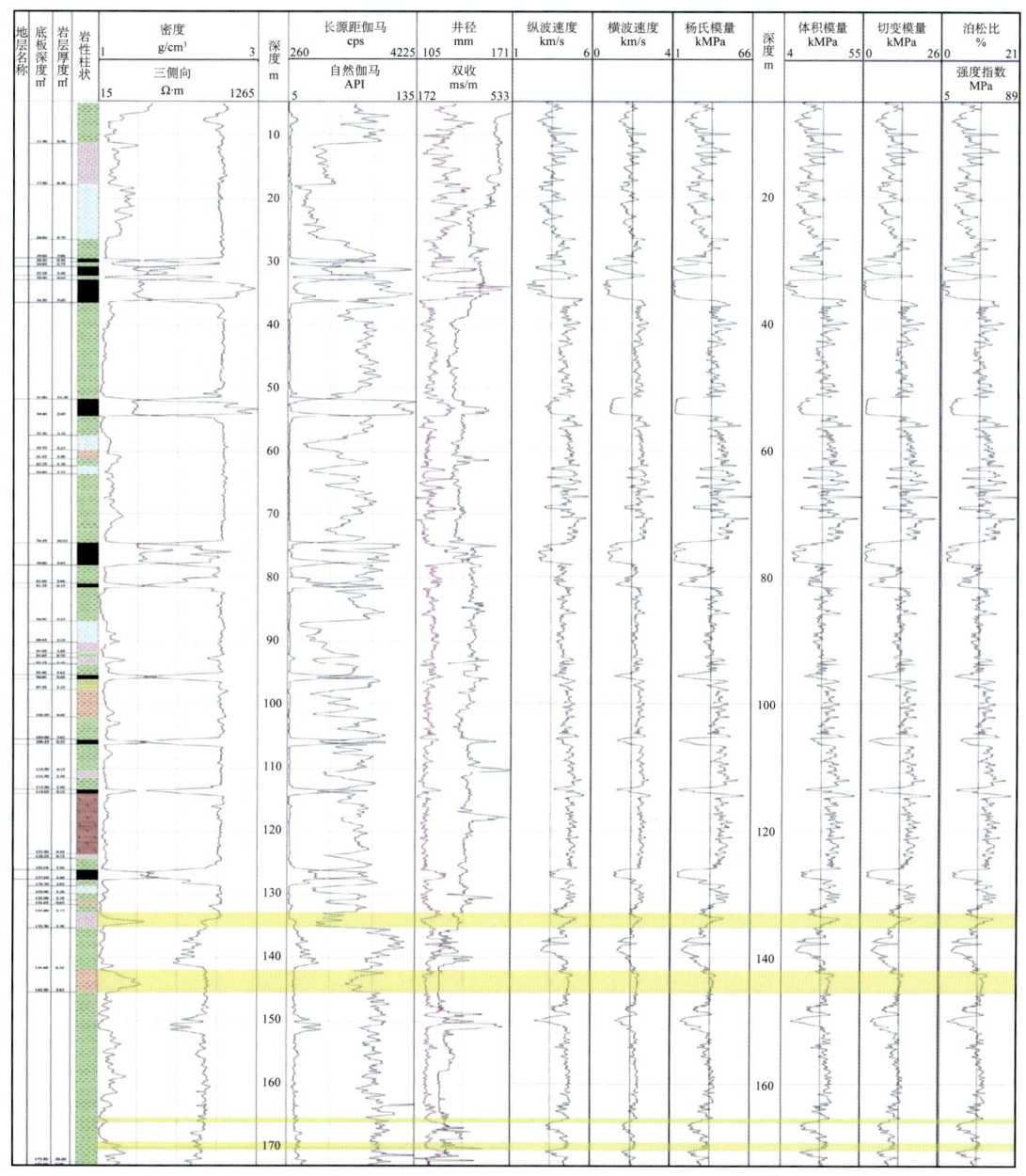

图 3.21 祁连山冻土区 DK-1 孔测井曲线图[26]

例如危地马拉太平洋海岸的 DSDP570 站位获得 1m 长的大块天然气水合物岩心样品。由于当时（1982年）没有随钻测量装备，电缆测井解释层厚为 4m（声速测井）、2.7m（密度测井）和 0.6m（侧向测井）。

由于天然气水合物的不稳定性，获得准确的原位状态下的测井响应最好选取随钻测井，以减少随着时间推移引起的储层性质改变。测井之前，要充分考虑地层及井眼条件，优化测井序列（详见第5章）。通过一系列曲线的特征，采取综合分析的方法，增加识别的准确性。

某些非天然气水合物组分的性质与天然气水合物储层相似，或者由于采集过程中某些偶然因素的影响，使用单条测井曲线很难实现对天然气水合物的识别。天然气水合物在电阻率测井和声波时差测井曲线上同冰层十分相似，很多情况下天然气水合物与冰在测井曲线上很难区分，导致确定了天然气水合物底部边界的永久冻土带非常少。这种情况下，结合钻进时天然气水合物分解引起的录井上的气侵是区分天然气水合物与冰的较好手段[36]。

本章通过研究天然气水合物层段的地球物理测井曲线特征，结合测井实例，深化了对天然气水合物层段的曲线的认识：天然气水合物层段无论是在常规测井曲线上，还是在电成像测井和核磁共振孔隙度测井上，都有较为明显的显示，可利用地球物理测井特征进行识别。各种测井方法与理论上天然气水合物的物理特征有较好的对应关系，应使用交会图等方法综合解释。

第4章 天然气水合物储层参数的测井定量评价

天然气水合物资源量评估是对天然气水合物藏中甲烷储量的评估，是下一步开发利用的物质基础。由于受到勘探程度及资料条件的限制，目前仍以传统的"容积法"和"蒙特卡罗法"两种计算方法为主。实际上，对天然气水合物资源量的所有计算都是以容积法为基础的[17]。

1994年，Gornitz在计算海洋天然气水合物潜在分布时首先提出利用容积法计算天然气水合物产出区的甲烷储量[4]。这是一种评价油气藏直观有效的方法，其思路是先计算出含天然气水合物的沉积物体积，再计算出其中所含的天然气水合物含量和甲烷量。天然气水合物藏的甲烷资源量由下式决定：

$$Q = AH\phi S_h E \tag{4.1}$$

式中 A——天然气水合物产出区域的面积；

H——储层厚度；

ϕ——储层孔隙度；

S_h——天然气水合物饱和度；

E——单位体积天然气水合物中甲烷的含量（产气因子）。

容积法的评价过程需要确定以上5个主要的储层控制参数。其中，天然气水合物的产出区域面积A主要根据BSR的分布范围、利用地球物理或地球化学数据确定的天然气水合物异常分布范围和天然气水合物稳定带的温压场范围来确定。

单位体积天然气水合物中甲烷含量E通过晶格占有率进行计算。理想的（晶格占有率100%）结构Ⅰ型甲烷水合物单元晶格包含8个甲烷分子（相对分子质量为16）和46个水分子（相对分子质量18），可得其摩尔质量为0.956kg/mol。纯水的密度为1000kg/m³，甲烷水合物的密度为920kg/m³，因此1m³甲烷水合物含有962.34mol单元晶格，含有甲烷7698.72mol。每摩尔甲烷所占体积与温度和压力有关，在天然气工业中常用的 0.1MPa 大气压力和 15.56℃ 条件下为 $0.0237m^3$。因此，分解 $1m^3$ 甲烷水合物可以得到 $182.46m^3$ 的甲烷。其他晶格占有率的甲烷水合物也可依据此方法进行计算。

世界范围内的天然气水合物资源的估算结果一直未达成一致，估算值在几个数量级范围内变化[18]，非常重要的原因在于缺乏对天然气水合物储层的精确描述和准确的储层参数，其中最难求取的是储层孔隙度和天然气水合物饱和度[60]。

4.1 天然气水合物储层多组分体积模型

传统的油气资源评价工作中，一般认为储层孔隙空间被流体（油、气、水）所填充。天然气水合物以固体形式存在于沉积物中，在不同的情况下还可能伴随着水、固态冰和游离天然气，这在很大程度上改变了地层的物理性质。显然，天然气水合物储层的模型需要根据储层条件重新定义。

测井仪器测量的岩石物理参数是仪器勘测范围内各种成分物理量的加权平均值。虽然岩石的性质并不都是均匀的，但在有限的范围内可以看成是均匀的，由此发展的岩石物理体积模型是测井解释中最常用的解释模型。岩石物理体积模型原则上是根据测井方法的探测特性和岩石中各种物质在物理性质上的差异，按体积把实际岩石储层简化为性质均匀的几个部分，研究每个部分对岩石宏观物理量的贡献，并把岩石的宏观物理量看成是各部分之和，有以下两个要点：

（1）按物质平衡原理，岩石体积 V 等于各部分 V_i 之和，即：

$$V = \sum_i V_i \tag{4.2}$$

如果用相对体积 V_i 表示，那么 $\sum_i V_i = 1$。

（2）岩石宏观物理量 m 等于各部分宏观物理量 m_i 之和，即：

$$m = \sum m_i \tag{4.3}$$

当用单位体积物理量（一般就是测井参数）表示时，岩石单位体积物理量 m 就等于各部分相对体积 V_i 与其单位体积物理量 m_i 乘积之总和[77]，即：

$$m = \sum_i V_i m_i \tag{4.4}$$

永久冰冻带和大洋海底的天然气水合物储层中的组分非常复杂，根据地层压力与温度的不同，岩石孔隙中可能只含天然气水合物，也可能出现天然气水合物与冰、水、天然气多相物质共存。冰和天然气水合物都为固态，是常规油气评价模型中未曾出现过也未曾考虑过的情况。

针对不同的地层深度与地质条件，结合 Collett 的多组分模型[58]，将天然气水合物储层的多组分体积模型归纳为如图 4.1 所示的四类，同时与常规油气评价储层多组分体积模型进行对比。S_h 是天然气水合物体积在地层孔隙中所占比例（饱和度）。

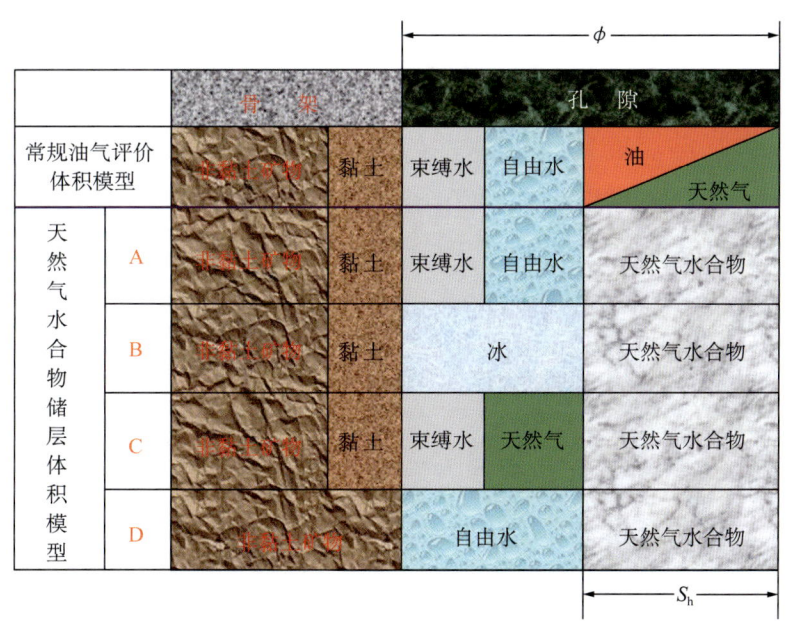

图 4.1　常规油气评价与天然气水合物储层评价的多组分体积模型

天然气水合物储层的多组分体积模型都假设骨架是石英、方解石等非黏土矿物和少量黏土的简单组合，这是由于岩石矿物成分复杂而测井计算的能力有限。前两类储层分别代表了大陆上永久冻土带中含冰层之下（A 类）和含冰层之上（B 类）典型的天然气水合物储层。这两类储层模型假设所有的天然气都存在于水合物中，孔隙中不含自由气体，二者的不同之处在于孔隙中的水都处于液态还是冰冻固态。大洋深海海底富含黏土泥质的天然气水合物储层也可以用 A 类模型表示，这时 A 类储层将含有大量的黏土和束缚水。C 类储层假设所有的可动水都在天然气水合物中，孔隙中还含有自由天然气。因为自然界中水的含量相对较大，符合这种模型的储层预测为大洋海底天然气水合物储层与下部游离天然气层的过渡带处。模型D假设不含黏土和自由气，代表典型的纯地层（纯岩石地层，不含泥质或泥质含量小于5%）的天然气水合物储层，实际上是A类储层的特例。

天然气水合物储层的四种多组分体积模型中，地层孔隙中最多为三种物质的组合，这样的模型方便在原有测井响应机制上进行讨论。目前对天然气水合物储层的评价工作也是基本围绕这类模型展开的。

模型假设天然气水合物为常见四种存在形态（图4.1）中的孔隙型和薄层情况，不一定适应于厚层状条件。天然气水合物储层的特殊性决定了在使用不同的测井研究方法时，应根据研究重点与地层、地质环境及天然气水合物产出状态的不同建立对应的响应模型。

天然气水合物储层的常规孔隙度与电阻率测井及核磁共振测井的响应范围见图4.2。对于常规孔隙度测井，如声波测井、中子测井和密度测井，模型中的各个部分对它们的响应都有贡献，经过处理和校正后可以得到储层的总孔隙度。固态的天然气水合物和冰是常规油气藏孔隙度评价中所未曾考虑过的情况，校正方法还需要完善。电阻率测井是含水孔隙体积的响应，天然气水合物电阻率非常高，这一部分在计算中被认为与地层岩石骨架的响应相同。固体岩石骨架和固态天然气水合物对核磁共振测井响应没有贡献，观测信号只来自于孔隙中的流体。这样一来，在天然气水合物储层中直接应用常规油气藏评价中的各种

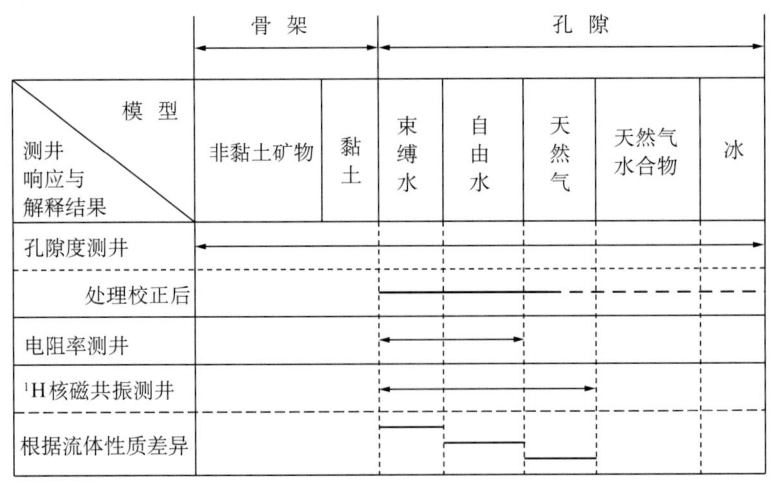

图4.2 常规孔隙度与电阻率测井及核磁共振测井的响应

方法计算储层参数时，需要重新审视其计算效果和适用性。

除了各种电阻率测井和自然电位测井，其他各种测井方法都可以按照探测特性分别建立等效岩石物理体积模型。这类测井方法的测量结果与岩石各种成分的体积（含量）和物理性质有关，与几何状态无关。建立岩石物理体积模型，只要考虑岩石成分在物理性质上的差别，把岩石分成几部分，使模型的总体积与原岩石体积相同，各部分等效体积等于其响应的累计体积。各种电阻率测井方法测量岩石的导电性，但含水纯岩石颗粒不导电，主要靠孔隙中的地层水导电，其导电性不但与岩石中地层水的体积（孔隙体积）和地层水的电阻率有关，还与地层水在岩石中的分布有关，不可能进行细微描述；自然电位测井测量井轴上自然电位的变化，也不能用岩石体积物理模型表示。

4.2 储层孔隙度的计算

储层孔隙度是储层评价中一个相当重要的参数，其准确性直接影响天然气水合物储层和天然气储量的正确评价，也是天然气水合物储层最难计算的参数之一。应用密度测井、中子测井和核磁共振测井数据计算储层孔隙度是常用的方法。天然气水合物储层的声波测井曲线和电阻率测井曲线具有明显的特征，也可以用这两种测井资料评价孔隙度；利用两种和两种以上的测井资料综合求取储层孔隙度也有新的应用。

4.2.1 电阻率测井资料计算孔隙度

电法测井测量井眼周围岩石的电性参数，是发展最早的地球物理测井方法，主要研究井眼附近人工电磁场产生和变化的规律（如侧向测井、感应测井和介电测井等），同时也研究井下自然电场产生和变化的规律（如自然电位测井）。电法测井的物理基础在于：具有不同岩性、孔隙度、孔隙结构、地层水矿化度和地层流体饱和度的地层，在宏观上表现出的电性参数不同。

1942年，阿尔奇提出利用电阻率测井资料计算完全含水纯砂岩地层孔隙度的计算公式[78]：

$$\frac{R_\mathrm{t}}{R_\mathrm{w}} = a\phi^{-m} \tag{4.5}$$

式中　R_t——地层电阻率；

　　　ϕ——地层孔隙度；

　　　R_w——孔隙中水的电阻率；

　　　a，m——经验参数。

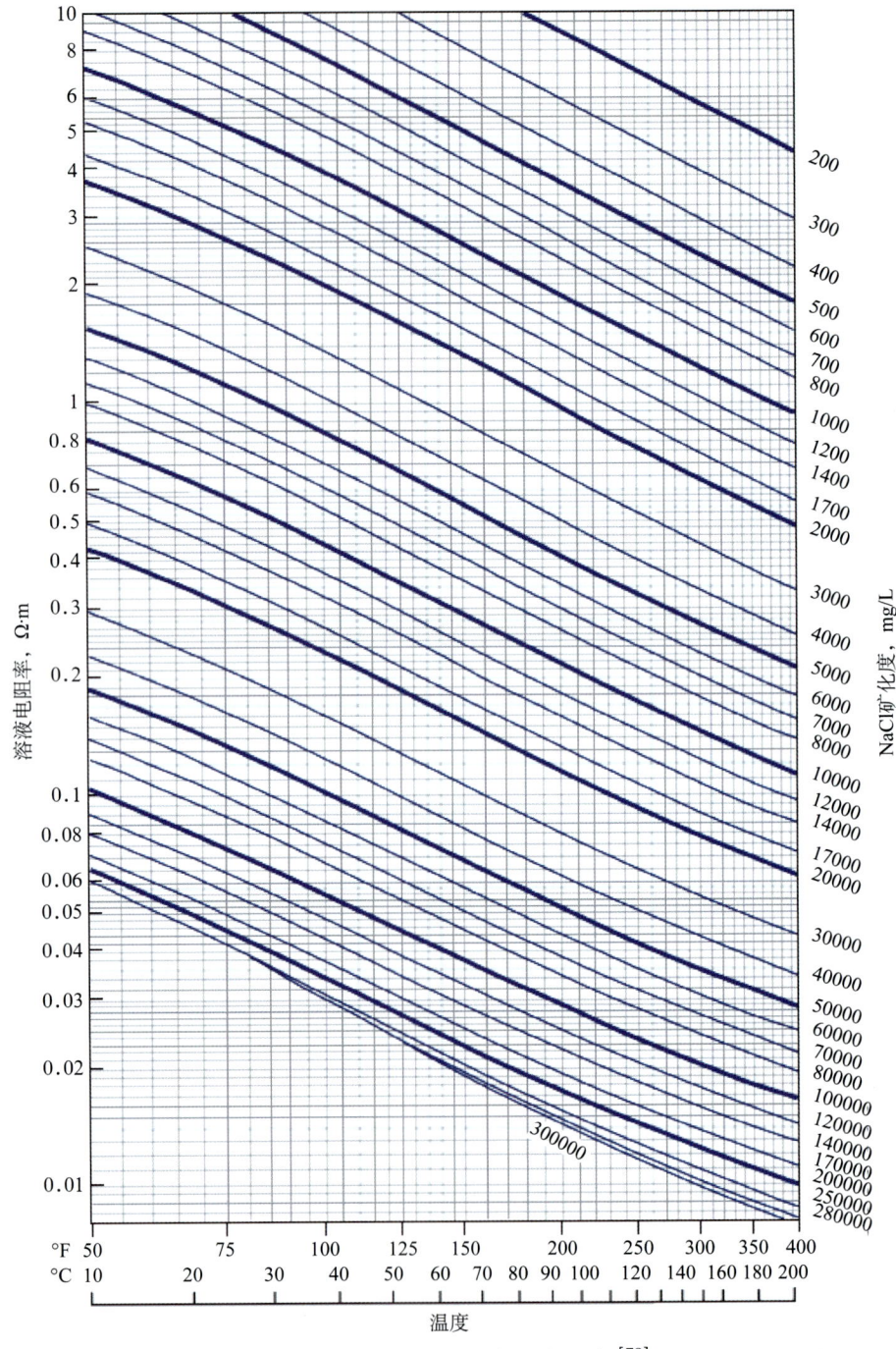

图 4.3　NaCl 水溶液的电阻率[79]

利用阿尔奇公式计算储层孔隙度需要确定一系列参数。其中，a、m 通常利用测井电阻率和岩心孔隙度分析得到；R_w 主要受地层温度和流体的含盐度控制，含盐度可通过地层中流体采样和岩心孔隙水分析获得，地层温度可以直接测量或由海底温度根据地温梯度公式计算[79]。利用图版可将某一温度下的地层水电阻率转换为其他温度下的值，Arps 公式[80]也提供了该图版的近似计算方法：

$$R_w = \frac{R_r(T_r + 21.5)}{T + 21.5} \tag{4.6}$$

式中　R_r——在参照温度 T_r（单位为℃）时给定盐度下水的电阻率；
　　　T——地层温度，℃，根据地温梯度和海底温度计算。

如果使用华氏温度，Arps 公式写为[81]：

$$R_w = \frac{R_r(T_r + 6.77)}{T + 6.77} \tag{4.7}$$

式中　T——地层温度，℉。

下面以 ODP164 航次三个井位（994、995 和 997）为实例介绍和讨论利用阿尔奇公式通过电阻率资料计算地层孔隙度的方法和结果。电阻率测井和声波时差测井资料已经显示三个井位中含天然气水合物的层段为 185～450mbsf。

根据上述方法得到的计算地层水电阻率所需要的地层温度和 a、m 参数见表 4.1。三个站位钻穿的岩性剖面非常相似，相互之间的距离也非常相近，994 站位的 a、m 属于非"正常"范围值，最终使用了 995 站位和 997 站位的平均值。

表 4.1　计算电阻率孔隙度和含水饱和度的地层温度和参数[37]

站位	海底温度 ℃	地温梯度 ℃/100m	a	m
994	3.0	3.64	0.53	3.68
995	3.0	3.35	1.03	2.53
997	3.0	3.68	1.07	2.59
使用值			1.05	2.56

Arps 公式计算得到 164 航次中 994 站位、995 站位和 997 站位的地层水电阻率曲线如图 4.4 所示[37]。得到 R_w、a 和 m 后，可直接根据式（4.5）计算 ϕ，结果如图 4.5 所示。

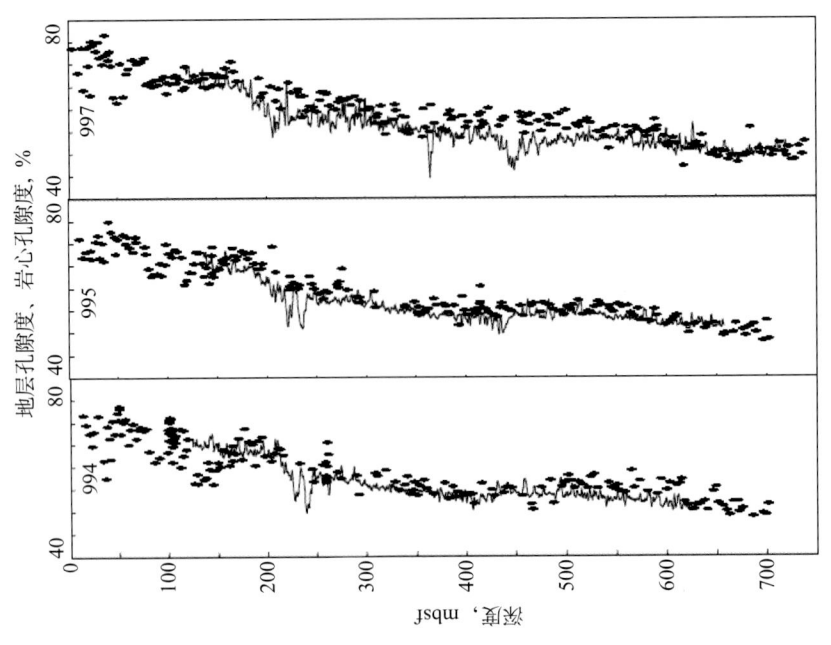

图 4.5 ODP164 航次 994 站位、995 站位和 997 站位根据电阻率测井资料 (DITE) 由式 (4.5) 计算得到的地层孔隙度曲线 (连续曲线) 和岩心孔隙度 (离散点)[37]

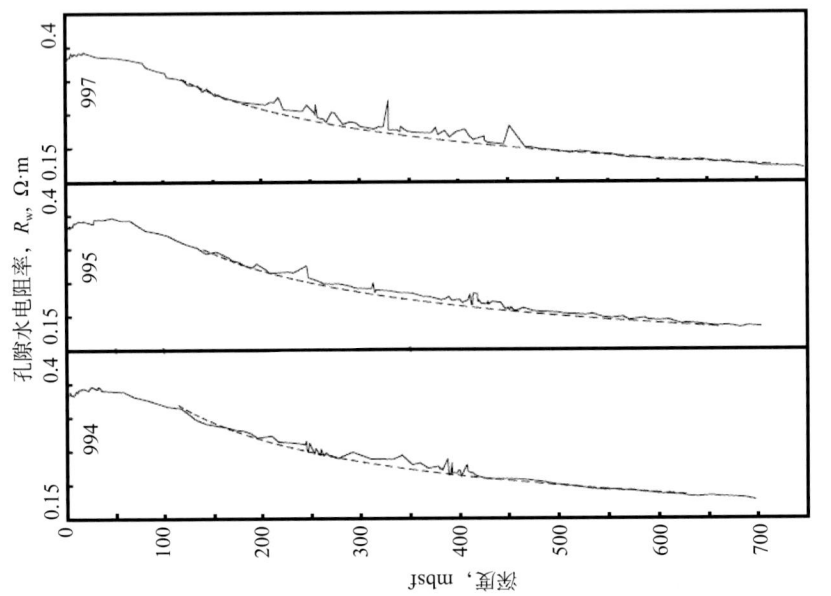

图 4.4 ODP164 航次 994 站位、995 站位和 997 站位的 R_w[37]

结果显示电阻率孔隙度和岩心孔隙度比较接近。随着深度的增加,通过电阻率资料计算的地层孔隙度总体呈逐渐减小趋势。三个井位的电阻率孔隙度曲线在某些层位明显小于岩心孔隙度,这些层位正是已经被确定含有天然气水合物的层段。由于天然气水合物的电阻率比地层水大得多,导致由电阻率计算得到的孔隙度曲线上显示明显的低值。

实际上,用阿尔奇公式得到的地层孔隙度应该为视孔隙度,因为阿尔奇公式计算孔隙度的应用条件为100%含水的纯砂岩地层,并没有考虑高电阻率的固态天然气水合物。

4.2.2 声波测井孔隙度模型

声波测井通过测量记录井下地层剖面的声学性质来评价井壁地层性质,所测量记录的地层声学性质主要包括地层中的纵波、横波和导波的声速、幅度,声波在地层中传播时能量或幅度的衰减规律以及声波信号频率变化的特性等。声波测井的物理基础是:不同种类或成因的岩石由于矿物成分、组织结构、弹性力学性质的差异,致使声波传播速度、衰减规律和频率特征不同[82]。

声速测井测量的是声波在井眼附近地层中传播所需要的时间,即声波时差。在声波测井过程中,地层中传播的纵波、横波的衰减程度由地层的许多性质决定,包括密度、孔隙度、含烃饱和度、裂缝发育程度和温度等。天然气水合物储层的声波解释模型主要有两个发展方向:(1)经验关系式;(2)利用多相波散射理论和颗粒控制模型直接计算天然气水合物含量。

声波在天然气水合物中的传播速度明显大于其在水中或天然气中的传播速度。要准确计算含天然气水合物层段孔隙度,就必须了解天然气水合物对整体声波时差的影响。

常规的油气评价中,最早提出的声波孔隙度关系式是威利(Wyllie)于1956年根据墨西哥湾地区24块砂岩样品建立的纵波速度(或纵波时差)同岩石骨架、流体间的定量经验公式[83],即经典的"时间平均公式":

$$\frac{1}{v_p} = \frac{1-\phi}{v_{pma}} + \frac{\phi}{v_{pf}} \tag{4.8}$$

式中 v_{pma}, v_{pf}——岩石骨架和孔隙流体的纵波速度;

ϕ——地层孔隙度;

v_p——纵波速度。

考虑到 v_p 和声波时差 Δt 的关系，式（4.8）可改写成：

$$\Delta t = (1-\phi)\Delta t_{pma} + \phi \Delta t_{pf} \quad (4.9)$$

式中 Δt_{pma}，Δt_{pf}——岩石骨架和孔隙流体的纵波时差。

根据这个双组分的时间平均公式，可得地层孔隙度为：

$$\phi = \frac{\Delta t - \Delta t_{pma}}{\Delta t_{pf} - \Delta t_{pma}} \quad (4.10)$$

声波在固态天然气水合物中的传播速度与在油气中的传播速度有明显差别，利用声速测井方法计算含天然气水合物层段的孔隙度时必须考虑其影响。参考常规油气评价过程中对气层的孔隙度校正方法，根据岩石中完全饱和水、天然气和天然气水合物时的声速（表4.2），可以计算出一个经验的校正因子（C_p），对天然气水合物层段的声波时差进行校正。

$$\phi = \frac{\Delta t - \Delta t_{pma}}{\Delta t_{pf} - \Delta t_{pma}} \frac{1}{C_p} \quad (4.11)$$

表 4.2　砂岩岩心饱含不同物质时的声速[62]

储层类型		砂岩岩心中的声速，km/s
结构Ⅰ型天然气水合物储层	−5℃，盐度：0.6mol/L	3.400
	−15℃，盐度：0.6mol/L	3.757
水层	盐度：0.6mol/L	2.871
永久冻土冰层	−5℃，盐度：0.6mol/L	3.864
	−15℃，盐度：0.6mol/L	4.269

利用声波测井资料计算 Northwest Elieen State 2 井孔隙度的过程中，通过比较天然气水合物储层与非天然气水合物储层的测井资料得到的校正因子为1.49。在进行校正时应根据本区情况确定此因数。

当储层的孔隙度一定时，饱含水和饱含天然气水合物（结构Ⅰ型）的砂岩岩石中的声波速度有如下关系：

$$\frac{砂岩饱含天然气水合物的声速}{砂岩饱含水的声速} = \frac{3.400(km/s)}{2.871(km/s)} = 1.18 \quad (4.12)$$

这个比例因数是天然气水合物层段声波波速的校正因子。为了校正声波孔

第4章 天然气水合物储层参数的测井定量评价

隙度，比例系数 1.18 同样可以作为孔隙度的经验校正因子[62]。

4.2.2.1 Timur 修正公式

1968 年，Timur 为了解释永久冻土带温度下不同胶结程度岩石中的纵波波速，首先提出一个三组分的时间平均模型（修正的威利平均时间公式），称为 Timur 公式[84]。

Timur 公式自提出以来，经过了大量的修改和修正以适应不同的地质条件。1983 年，Person 等第一次将 Timur 公式用于天然气水合物储层评价，认为该公式在胶结较好的地层介质中可很好地预测天然气水合物的声波性质。Person 等使用的三组分 Timur 时间平均公式如下[43, 59]：

$$\frac{1}{v_\mathrm{b}} = \frac{\phi(1-S_\mathrm{h})}{v_\mathrm{pw}} + \frac{\phi S_\mathrm{h}}{v_\mathrm{ph}} + \frac{1-\phi}{v_\mathrm{pm}} \tag{4.13}$$

式中　S_h——天然气水合物饱和度；

　　　v_ph——天然气水合物中纵波速度；

　　　ϕ——孔隙度；

　　　v_b——声波测井速度值；

　　　v_pw——地层水中纵波速度值；

　　　v_pm——岩石骨架中纵波速度值。

某些地质条件下观察到的沉积岩的声速特性与使用 Timur 公式计算的预期结果并不一致，例如：（1）岩石胶结程度差；（2）沉积物中存在较多有机物质；（3）沉积物有较高的泥质含量；（4）岩石中包含次生孔隙（裂缝）。布莱克外脊的天然气水合物评价中曾遇到前三种情况：未胶结，含 50% 的黏土，并含有 0.5%～1.4% 的有机碳。

从三组分 Timur 时间平均公式表达式看，Timur 公式适用于 A 类储层与 D 类储层所表示的骨架、水与天然气水合物地层的孔隙度计算。对应于 B 类储层表示的地层条件（骨架、冰和天然气水合物），Timur 公式可修改为：

$$\frac{1}{v_\mathrm{b}} = \frac{\phi(1-S_\mathrm{h})}{v_\mathrm{pi}} + \frac{\phi S_\mathrm{h}}{v_\mathrm{ph}} + \frac{1-\phi}{v_\mathrm{pm}} \tag{4.14}$$

式中　v_pi——冰中的纵波传播速度。

对应于 C 类储层表示的地层条件（骨架、自由气和天然气水合物），Timur

公式写作：

$$\frac{1}{v_b} = \frac{\phi(1-S_h)}{v_{pg}} + \frac{\phi S_h}{v_{ph}} + \frac{1-\phi}{v_{pm}} \tag{4.15}$$

式中 v_{pg}——自由气中的纵波传播速度。

在含气或者地层疏松的情况下，声波将发生较大衰减而导致"周波跳跃"现象的出现，使得无法准确计算地层时差，式（4.15）在实际应用中会遇到困难。

4.2.2.2 Wood 修正方程

Lee 等在评价深海沉积物中的天然气水合物时也发现 Timur 方程并不适合所在区块的波速预测，因此引入适用于疏松地层的 Wood 方程修正公式来克服 Timur 时间平均公式遇到的问题[85]。

Wood 方程适用于疏松的地层，其定义式为：

$$\frac{1}{\rho v^2} = \frac{\phi}{\rho_w v_{pw}^2} + \frac{1-\phi}{\rho_m v_{pm}^2} \tag{4.16}$$

式中 ρ——地层密度；

ρ_w——水的密度；

ρ_m——储层骨架密度。

同 Timur 三组分时间平均方程类似，在式（4.16）中加入天然气水合物的贡献项，对应于 A 类与 D 类天然气水合物的储层，修正的 Wood 方程可以写作：

$$\frac{1}{\rho_b v_b^2} = \frac{\phi(1-S_h)}{\rho_w v_{pw}^2} + \frac{\phi S_h}{\rho_h v_{ph}^2} + \frac{1-\phi}{\rho_m v_{pm}^2} \tag{4.17}$$

式中 ρ_b——地层密度；

ρ_h——天然气水合物的密度。

对于 A 类、D 类储层：

$$\rho_b = (1-\phi)\rho_m + (1-S_h)\phi\rho_w + S_h\phi\rho_h \tag{4.18}$$

对应于 B 类储层：

$$\frac{1}{\rho_b v_b^2} = \frac{\phi(1-S_h)}{\rho_i v_{pi}^2} + \frac{\phi S_h}{\rho_h v_{ph}^2} + \frac{1-\phi}{\rho_m v_{pm}^2} \tag{4.19}$$

式中 ρ_i——冰的密度。

对应于 C 类储层：

$$\frac{1}{\rho_b v_b^2} = \frac{\phi(1-S_h)}{\rho_g v_{pg}^2} + \frac{\phi S_h}{\rho_h v_{ph}^2} + \frac{1-\phi}{\rho_m v_{pm}^2} \tag{4.20}$$

4.2.2.3 Lee 方程

Wood 方程修正公式在海洋沉积物的评价中也遇到了与 Timur 时间平均公式类似的问题。1993 年，Lee 等提出一个适合于海洋沉积物中天然气水合物层段评价的 Timur 和 Wood 方程修正公式的加权平均公式，通过选取不同的 W 和 r，可以应用在不同胶结程度和不同天然气水合物含量的储层。

$$\frac{1}{v_b} = \frac{W\phi(1-S_h)^r}{v_{Wood}} + \frac{1-W\phi(1-S_h)^r}{v_{Timur}} \tag{4.21}$$

式中　v_b——测井所得视纵波速度；

　　　r——天然气水合物储层胶结指数；

　　　W——权重指数，多数情况下为 1；

　　　v_{Wood}——Wood 公式计算的结果；

　　　v_{Timur}——Timur 公式计算的结果。

在 Lee 方程的应用过程中，选取与声速孔隙度资料对应最好的 W 和 r 值至关重要。其中，W 可根据现场不含天然气水合物地层的声速和孔隙度数据获得。如果取 $W>1$，则倾向于 Wood 修正公式（地层中以散状颗粒为主）；如果取 $W<1$，则倾向于 Timur 公式（地层中以固化的骨架为主）。随着天然气水合物胶结指数 r 的增加，Lee 方程预测的声速接近 Timur 方程在低天然气水合物饱和度地层的预测结果。通常认为，$r=32$ 最能准确地描述天然气水合物以颗粒状和胶结形态同时存在于地层中的情况，而一个较小的 r 值更能代表天然气水合物悬浮在颗粒间孔隙内的非胶结地层[59]。

图 4.6 为 DSDP 中 13 个井位获得的声速、孔隙度（离散点）、Wood 方程（曲线 a）、Timur 方程（曲线 b）和 Lee 方程（曲线 c）得到的声速与孔隙度关系。在孔隙度较高的区域，Lee 方程的结果接近于 Wood 方程；在孔隙度较低的区域，Lee 方程的结果接近于 Timur 方程。当孔隙度大于 40% 时，Lee 方程得到的结果与实测数据吻合得很好。

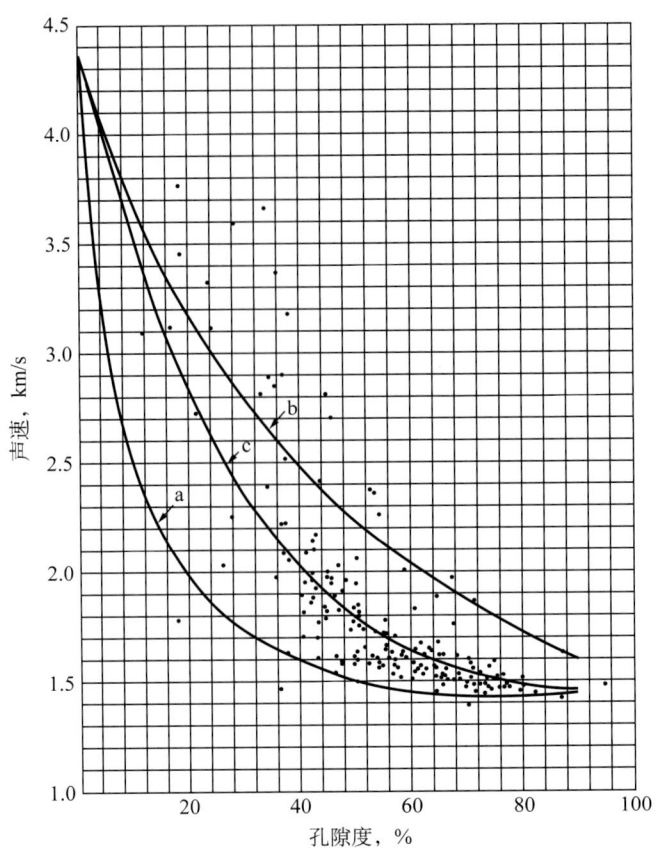

图 4.6　三种公式得到的波速与孔隙度[85]

4.2.3　密度测井孔隙度模型

密度测井资料主要用来计算储层孔隙度，也可以划分岩性、识别气层、确定烃的密度以及计算地层压力和岩石的其他机械属性。地层中不同类型的矿物因光电效应指数（PEF）的不同，在密度测井曲线上有不同的特征，但对天然气水合物储层没有特殊的显示。密度测井仪器并不能直接探测天然气水合物的密度。

天然气水合物的密度主要由客体分子种类和客体分子晶格占有率决定。通过客体分子在水合物晶格中的含量（晶格占有率）来计算天然气水合物的密度，需要假设晶格中不含自由气体分子。结构Ⅰ型天然气水合物的代表性密度值为 $0.9g/cm^3$ [13,60]。

常规油气评价多组分体积模型中假设孔隙中完全饱和流体，没有考虑地层中天然气水合物的影响。利用密度测井资料计算孔隙度的标准关系式为：

$$\phi_\mathrm{D} = \frac{\rho_\mathrm{ma} - \rho_\mathrm{b}}{\rho_\mathrm{ma} - \rho_\mathrm{f}} \tag{4.22}$$

式中 ρ_b——地层密度；

ρ_f——地层流体密度；

ρ_ma——地层岩石骨架密度。

直接利用式（4.22）计算得到的ODP164航次994站位、995站位和997站位的密度孔隙度如图4.7所示。假设水的密度值ρ_f不变（1.05g/cm³），骨架密度值按每口井单独选定。由于这三口井均有一定程度的扩径（图3.6），对密度测井值进行了校正。岩心分析得到的密度值由邻井提供（平均值从海底至井底约为2.72～2.69g/cm³）。密度测井孔隙度在50%～70%之间，跳动范围较大，孔隙度值也比岩心孔隙度大很多，高估了天然气水合物储层的真实孔隙度范围。利用常规计算方法计算得到的这三口井的密度孔隙度能用来评估孔隙度变化趋势，而不能用来准确地定量计算[37]。

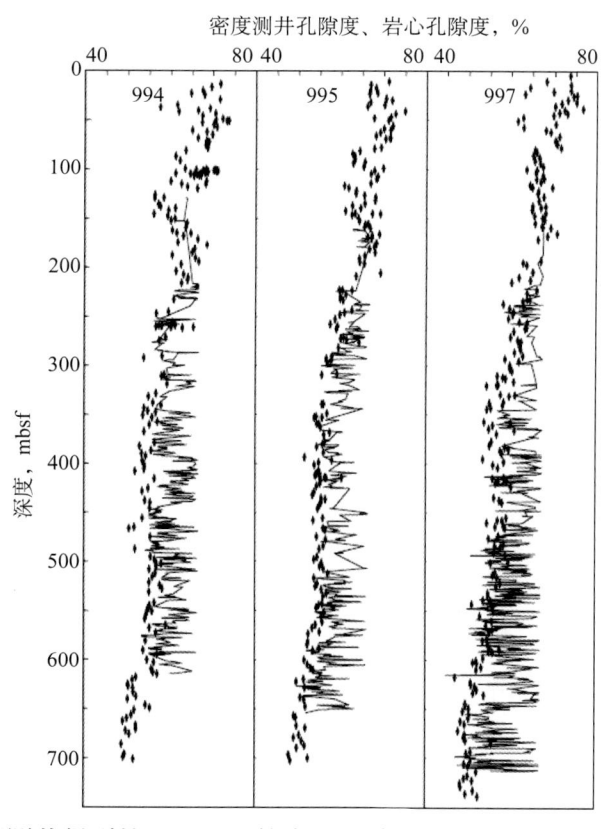

图4.7 常规密度测井得到的ODP164航次994站位、995站位和997站位的孔隙度[37]
连续曲线为密度孔隙度；离散点为岩心孔隙度；mbsf表示海平面以下深度，单位为m

为了计算地层中含有天然气水合物时的地层孔隙度，在式（4.22）的基础上根据不同的天然气水合物多组分体积模型发展三组分公式。

（1）对于 D 类储层，骨架为纯岩石，孔隙中只含自由水和天然气水合物，有：

$$\rho_b = \rho_f \phi (1-S_h) + \rho_h \phi S_h + \rho_{ma}(1-\phi) \tag{4.23}$$

式中 ρ_h——天然气水合物密度；

S_h——天然气水合物饱和度。

海洋和陆上沉积物中常见的矿物、天然气水合物、水和冰的典型密度值见表 4.3。

表 4.3 储层中各种成分的密度值[43, 60]

储层中的成分及组成要素		密度，g/cm³
水（H_2O）		1.0
冰（H_2O）		0.92
甲烷（CH_4）水合物，结构 I 型	晶格占有率 100%	0.90
	晶格占有率 80%	0.88
乙烷（C_2H_6）水合物，结构 I 型	晶格占有率 100%	1.01
	晶格占有率 80%	0.96
二氧化碳（CO_2）水合物，结构 I 型	晶格占有率 100%	1.12
	晶格占有率 80%	1.05
丙烷（C_3H_8）水合物，结构 II 型	晶格占有率 100%	0.94
	晶格占有率 80%	0.91
石英（SiO_2）		2.56～2.70
方解石（$CaCO_3$）		2.71
黏土		2.12～2.77
海洋沉积物		2.70

海底沉积物的储层模型为 D 类储层，地层完全饱和水、天然气水合物（结

构Ⅰ型）两种情况下的地层密度随孔隙度的变化曲线如图4.8所示。天然气水合物可以引起密度孔隙度一个很小的却又能够测量的变化；在高孔隙度（孔隙度超过40%）和高饱和度（饱和度大于50%）的情况下，使用常规密度孔隙度公式计算存在一定误差，需要校正。

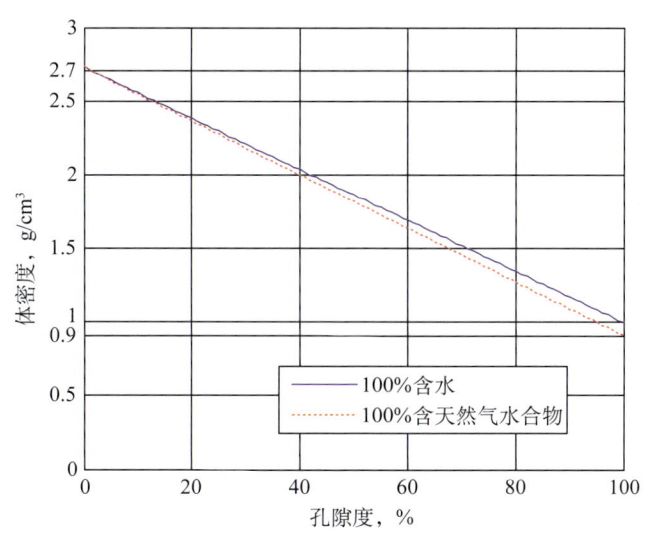

图4.8　地层密度随孔隙度变化的关系曲线

常规密度孔隙度直接应用于天然气水合物储层计算时，绝大多数情况都采用钻井液或地层水的密度，导致得到的视孔隙度存在一定误差。如果已知天然气水合物的密度，就有可能应用交会图（图4.8）进行校正。首先，在纵轴上找到测量得到的地层密度值，以这一点为起点画一条横线与使用预先估计的天然气水合物饱和度得到的正演曲线相交；再从此交点向横轴作垂线，与横轴的交点处的读数即为天然气水合物储层的真实孔隙度。

（2）当地层中含有较多的泥质时（A类储层），可应用下面考虑泥质含量影响的四组分公式计算密度孔隙度：

$$\rho_b = \rho_f \phi (1-S_h) + \rho_h \phi S_h + \rho_{ma}(1-\phi-V_{sh}) + \rho_{sh}V_{sh} \quad (4.24)$$

式中　ρ_b——地层密度；

ρ_f——地层流体密度；

ρ_h——天然气水合物密度；

ρ_{ma}——岩石骨架密度；

ρ_{sh}——泥质的密度；

V_{sh}——泥质含量；

S_h——天然气水合物饱和度。

（3）对于 B 类储层所表示的地层条件，密度孔隙度计算公式可以写作：

$$\rho_b = \rho_i \phi (1-S_h) + \rho_h \phi S_h + \rho_{ma}(1-\phi-V_{sh}) + \rho_{sh}V_{sh} \qquad (4.25)$$

式中 ρ_i——冰的密度。

由于天然气水合物的密度与水、冰的密度差别不大，式（4.25）在孔隙中流体为水的情况下还可以进一步简化。对于地层中含有较多的自由气的 C 类储层，使用上述几种密度孔隙度均会对孔隙度低估，还应进行含气校正。

新的多组分模型考虑天然气水合物的贡献，对常规密度孔隙度进行修正的同时引入了新的未知数（S_h），增加了直接计算的难度。实际应用中，需使用另一种测井方法（核磁共振测井或介电测井）联立方程组求解或利用校正图版对常规密度孔隙度进行校正。

4.2.4　中子测井孔隙度模型

中子测井资料主要用来描述孔隙地层和计算地层孔隙度。中子孔隙度测井仪器通过点状同位素中子源照射地层，用中子探测器测量地层中的热中子和超热中子计数率，并将计数率转化为视孔隙度[86]。超热中子测井的测量结果受井眼不规则的影响较小。新型的脉冲中子测井仪（PNG）使用可控的非化学源，很大程度上减小了运输和作业中由放射性产生的风险。

中子测井主要探测地层对中子的减速性质，从而确定地层的含氢指数，经刻度后成为地层孔隙度。地层的含氢指数与水、烃和天然气水合物的含量直接相关。若孔隙度一定，氢核数量的增加必然使视中子孔隙度变大。已知岩石孔隙中填充的物质时，利用计量化学的原理，很容易计算单位体积的水、天然气、天然气水合物和冰等物质所含氢核的多少，见表4.4。

根据表 4.4 中的数据可知，在给定的孔隙中完全填充甲烷时的视孔隙度最小；当孔隙中含有天然气水合物时，地层对中子的减速能力相对于完全含水时有所增强，视中子孔隙度较高，虽然差异较小，但这是中子孔隙度测井识别天然气水合物层段的重要依据。

第4章 天然气水合物储层参数的测井定量评价

表 4.4 单位体积的岩石孔隙物质的含氢量[62]

孔隙中的物质		含氢量，氢原子个数/cm³
甲烷		0.01076×10^{22}
天然气体（平均值）		0.11×10^{22}
纯水（密度1.00g/cm³）		6.7×10^{22}
冰（密度0.72g/cm³）		4.8×10^{22}
天然气水合物	结构Ⅰ型	7.18×10^{22}
	结构Ⅱ型	7.55×10^{22}

确定地层中含烃量对中子孔隙度测量影响的关系式可以用来定量考察地层中天然气水合物对中子孔隙度的影响[60]：

$$\phi_N = \phi \left(I_{Hh} S_h + I_{Hw} S_w \right) \quad (4.26)$$

式中 ϕ_N——全地层的中子响应；

ϕ——地层真实孔隙度；

I_{Hh}——烃的含氢指数；

I_{Hw}——水的含氢指数；

S_h——含烃饱和度；

S_w——含水饱和度。

中子孔隙度测井的刻度过程在饱含水的石灰岩中进行，实际上中子孔隙度测井得到的是视石灰岩孔隙度。根据储层孔隙中物质的含氢量的不同，可计算地层含天然气水合物时的校正因数。

假设相同体积空间中分别完全饱和水和完全饱和天然气水合物（结构Ⅰ型），二者的视孔隙度的比值为：

$$R = \frac{7.18 \times 10^{22} \left(\text{氢原子个数} / \text{cm}^3 \right)}{6.7 \times 10^{22} \left(\text{氢原子个数} / \text{cm}^3 \right)} = 1.07 \quad (4.27)$$

天然气水合物层段的这个比例系数说明：天然气水合物充填孔隙度为100%的地层时，测得的视中子孔隙度应为107%。在天然气水合物层中正确计算地层孔隙度，需要使用这个比例作为校正因数对这部分进行修正。

图 4.9 为天然气水合物含氢指数为 1.07 时，根据式（4.19）得到的完全饱和

天然气水合物同完全饱和水对中子孔隙度影响对比曲线。结构Ⅰ型的天然气水合物在通常储层条件下（20% < ϕ < 40%）对中子孔隙度只有很小的影响，这时可认为测量所得的中子视孔隙度就是地层真实孔隙度；如果 ϕ > 60%，中子孔隙度将被高估 6% 左右，必须进行原位状态下的天然气水合物影响校正。

首先，在图版纵轴上找到测量得到的地层视中子孔隙度；以这一点为起点画一条横线与使用预先估计的天然气水合物饱和度得到的正演曲线相交；再从此交点向横轴作垂线，与横轴的交点处的读数即为天然气水合物储层的真实孔隙度。

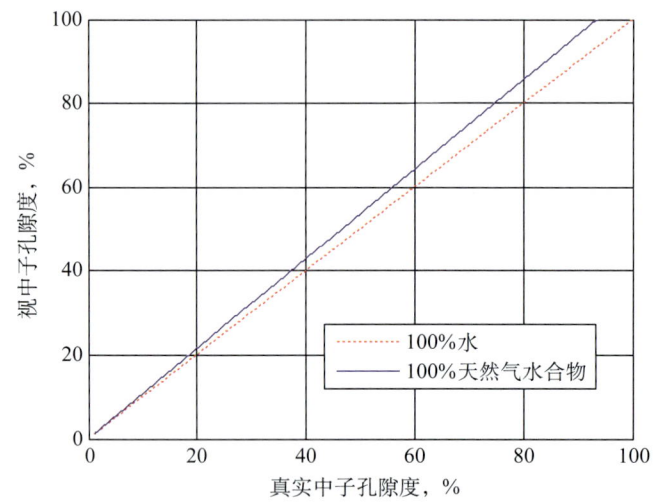

图 4.9　天然气水合物（结构Ⅰ型）含量对中子孔隙度影响的关系曲线

地层中含有较多泥质时，考虑了泥质含量影响的天然气水合物多组分体积 A 类储层中子孔隙度求取公式如下，不含泥质时即为 D 类储层，需将泥质项简化去掉。

$$\phi_N = \phi_f \phi (1-S_h) + \phi_h \phi S_h + \phi_{ma}(1-\phi-V_{sh}) + \phi_{Nsh} V_{sh} \tag{4.28}$$

式中　V_{sh}——泥质含量；

　　　ϕ_N——全地层的中子响应；

　　　ϕ_f——地层流体的中子响应；

　　　ϕ_h——水合物的中子响应；

　　　ϕ_{ma}——岩石骨架的中子响应；

　　　ϕ_{Nsh}——泥质的中子响应。

对应于多组分体积B类储层有下列关系，为了简化讨论和计算，下式并没有考虑束缚水的影响：

$$\phi_N = \phi_i\phi(1-S_h) + \phi_h\phi S_h + \phi_{ma}(1-\phi-V_{sh}) + \phi_{Nsh}V_{sh} \quad (4.29)$$

式中　ϕ_i——孔隙中冰的响应。

另外，可以应用密度—中子交会法计算储层孔隙度，此情况下孔隙度计算式为：

$$\phi = \frac{\phi_{DC} + \phi_{NC}}{2} \quad (4.30)$$

或

$$\phi = \sqrt{\frac{\phi_{DC}^2 + \phi_{NC}^2}{2}} \quad (4.31)$$

$$\phi_{DC} = \phi_D - V_{sh}\phi_{Dsh}$$

$$\phi_{NC} = \phi_N - V_{sh}\phi_{Nsh}$$

式中　ϕ_{DC}，ϕ_{NC}——用泥质含量修正后的密度测井孔隙度、中子测井孔隙度；
　　　ϕ_{Nsh}，ϕ_{Dsh}——中子测井及密度测井中泥质的等价孔隙度。

4.3　天然气水合物饱和度的评价

天然气水合物饱和度 S_h 是其在地层孔隙中所占比例，是天然气水合物评价过程中非常重要的一个储层参数，评价时应当特别注意天然气水合物物性与水、天然气的不同之处和相似之处，根据实际的地层条件选用不同的地层模型。

4.3.1　电阻率测井评价方法

油气工业中，电法测井资料（尤其是电阻率测井资料）是地层流体饱和度定量评价的主要依据，是最重要和有效的测井方法[82]。感应测井仪测量的是地层的电导率，适合在低—中阻地层使用；而侧向测井仪器测量地层的电阻率，在中—高阻地层应用的效果最好。天然气水合物为典型的非导电介质，大多数含天然气水合物的沉积层都显示非常高的电阻率，通常选择侧向测井仪器测量地层的电阻率。

不同地层的电阻率各不相同，岩石电阻率的大小取决于下列因素：矿物成分（岩性）、岩石孔隙度、孔隙流体成分和饱和度。其中，含水饱和度和地层水矿化度是最重要的两个因素。

4.3.1.1 方法原理

4.3.1.1.1 阿尔奇公式

阿尔奇公式建立了含水砂岩地层中电阻率和含水饱和度之间的关系[60, 78]：

$$R_t = aR_w\phi^{-m}S_w^{-n} \tag{4.32}$$

式中　S_w——含水饱和度；
　　　R_t——含水地层的电阻率；
　　　R_w——地层水电阻率；
　　　ϕ——地层孔隙度；
　　　a，m，n——经验系数。

阿尔奇公式同样可以应用在含天然气水合物地层，这种情况下式（4.32）经常可写成如下形式（$S_h=1-S_w$）：

$$S_w = \left(\frac{aR_w}{\phi^m R_t}\right)^{\frac{1}{n}} \tag{4.33}$$

Pearson 等通过实验室内对水合物合成和孔隙水冻结的过程进行研究发现，S_w 和 R_w 随着自由水含量的下降而减小[43]。S_w 下降是由于岩石孔隙中部分空间被不导电的固体水合物占据；R_w 下降是因为只有淡水才能合成水合物，溶解的盐类集中在剩余未冻结的水中。如果盐水没有达到饱和，天然气水合物的形成对 R_w 的影响可以根据矿化度的改变对 R_w 的影响来简单地量化。考虑了温度和盐度的影响，在温度为 T 的情况下，部分冻结盐水的电阻率与 $C^{-T}S_w$ 成比例关系（C 为经验参数）。代入阿尔奇公式，冻结时（含天然气水合物）的电阻率 R_f 与融化后（不含天然气水合物）的电阻率 R_0 的比值变成下面的关系：

$$\frac{R_f}{R_0} = C^{-T}S_w^{1-n} \tag{4.34}$$

Pearson 通过不同岩性、温度、电阻率的实验认为，式（4.32）中的经验参数 $n \approx 1.9386$，$C \approx 1.057$，$a \approx 1.035$ [43]。

应用时，通过与天然气水合物储层性质相似的、完全饱和水的地层获得 R_0。在 R_w 和孔隙度 ϕ 已知的情况下，R_0 也可通过下式计算：

$$R_0 = R_w F \tag{4.35}$$

其中，$F = a\phi^{-m}$，地层因数；R_f 由含天然气水合物层段的深电阻率曲线计算得到；地层温度根据当地地温梯度进行估算。

4.3.1.1.2 快速直观分析

基于快速直观测井分析技术（Quick Look）利用电阻率计算天然气水合物饱和度时，完全饱和水地层的深电阻率和含烃（天然气水合物）地层电阻率与地层含水饱和度之间有如下关系：

$$S_w = \left(\frac{R_0}{R_t}\right)^{\frac{1}{n}} \tag{4.36}$$

式中　S_w——含水饱和度；

R_0——100%含水时地层电阻率；

R_t——含天然气水合物地层的电阻率；

n——经验系数。

快速直观分析技术计算天然气水合物饱和度基于以下逻辑：假设孔隙空间100%含水，深探测电阻率仪器将测到100%含水地层的电阻率R_0。测得的R_0作为一个相对的基线，再通过实验室分析得出n值，那么邻层的油气饱和度可通过式（4.36）求得。如果孔隙中流体的盐度一定，通过Pickeet交会图上的电阻率测量曲线可以识别烃。它原来是为计算纯砂岩地层中含烃饱和度提出的，同样也适用于A类和D类储层中天然气水合物饱和度的计算，使用时假设孔隙中除天然气水合物之外的孔隙中充满水，而不是冰。

该方法的优点是计算简单，但应用时受地层条件限制较大，准确计算天然气水合物饱和度的关键在于R_0基线（依赖于孔隙水盐度）的准确选取[87]。

4.3.1.2 实例分析

ODP164航次的主要目的为探测布莱克脊沉积物中的天然气水合物，其中的994站位、995站位和997站位均钻穿了天然气水合物的底部稳定带[37]。997站位中约331mbsf的深度位置采集到一块约15cm长的大块固态天然气水合物样品。

图4.10为994D井位和997B井的实际测井结果，在深度上均划分为3个井段，分别为Unit 1、Unit 2和Unit 3，其中的Unit 2已经证实为天然气水合物储层。

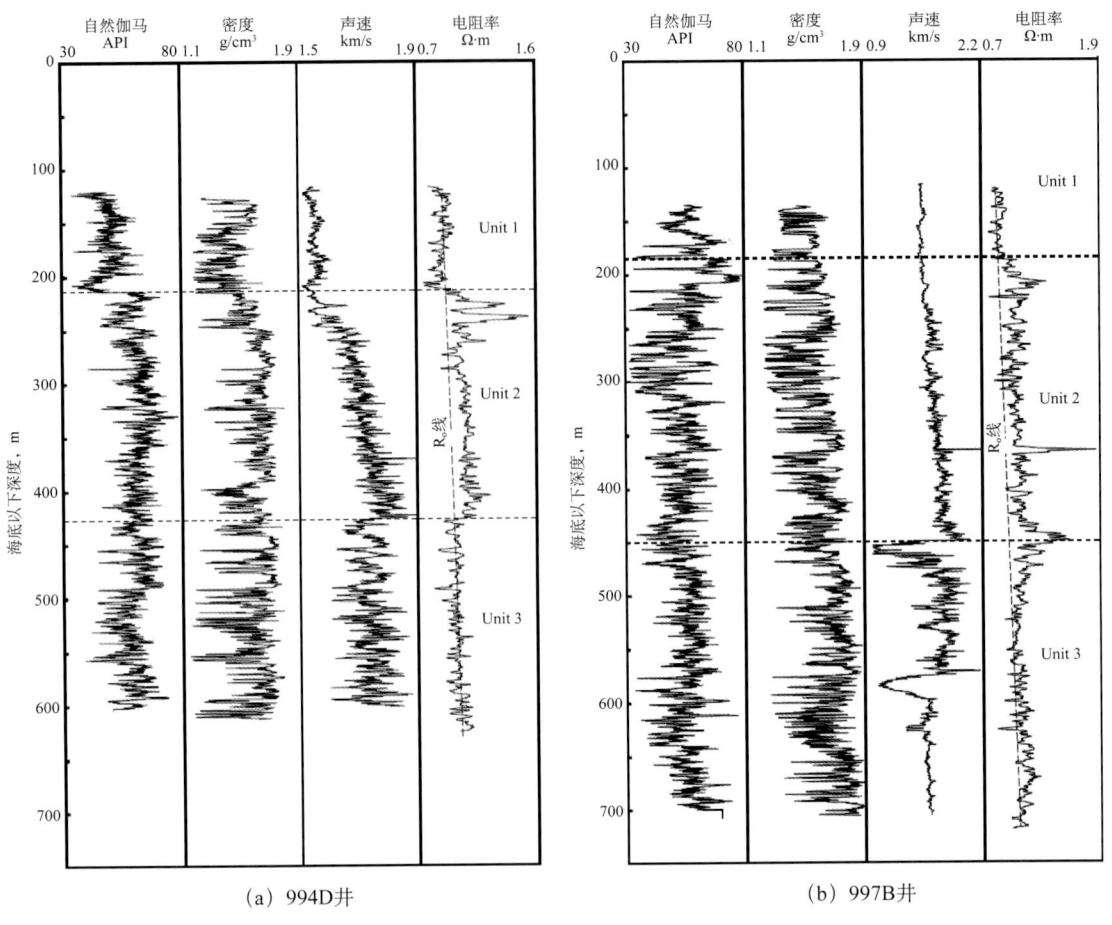

图 4.10 ODP164 航次 994D 井和 997B 井的测井曲线[35]

图 4.11 为 ODP164 航次 994D 井和 997B 井利用标准阿尔奇公式和快速直观公式计算得到的 S_w（$S_h=1-S_w$）。其中标准阿尔奇公式分别使用了直接测量孔隙度（深电阻率）和平均岩心测量孔隙度。利用快速直观分析技术时，Collett 利用完全含水的非天然气水合物层段（Unit 1 和 Unit 3）的深电阻率曲线得到一条 R_0 趋势线来确定 Unit 2 段的 R_0 值[37]。根据 Pearson 对多种沉积岩石类型的实验室测量结果，将 n 取为 1.9386[43]。

从图 4.11 中可以看到，两个井位的含水饱和度都在 80%～100% 的范围内，从而得到含天然气水合物饱和度在 0～20% 之间，与根据氯化物异常计算得到的含天然气水合物饱和度非常接近（详见 4.3.5 节）。使用了平均岩心孔隙度的标准阿尔奇公式得到的含水饱和度的变化范围较大，而直接使用测量岩心孔隙度的阿尔奇公式得到的含水饱和度值较为稳定。快速直观公式得到的含水饱和度与标准阿尔奇公式（平均岩心孔隙度）得到的结果接近，由于R_0选取的基准不同，前者略大（2%～3%）。$S_w>1$的情况显然是错误的，可能由较差的井眼状况造成（图3.6）。扩径的部分（Unit 1），电阻率测量值低估了地层真实电阻率，在S_w曲线上表现为视含水饱和度增大。

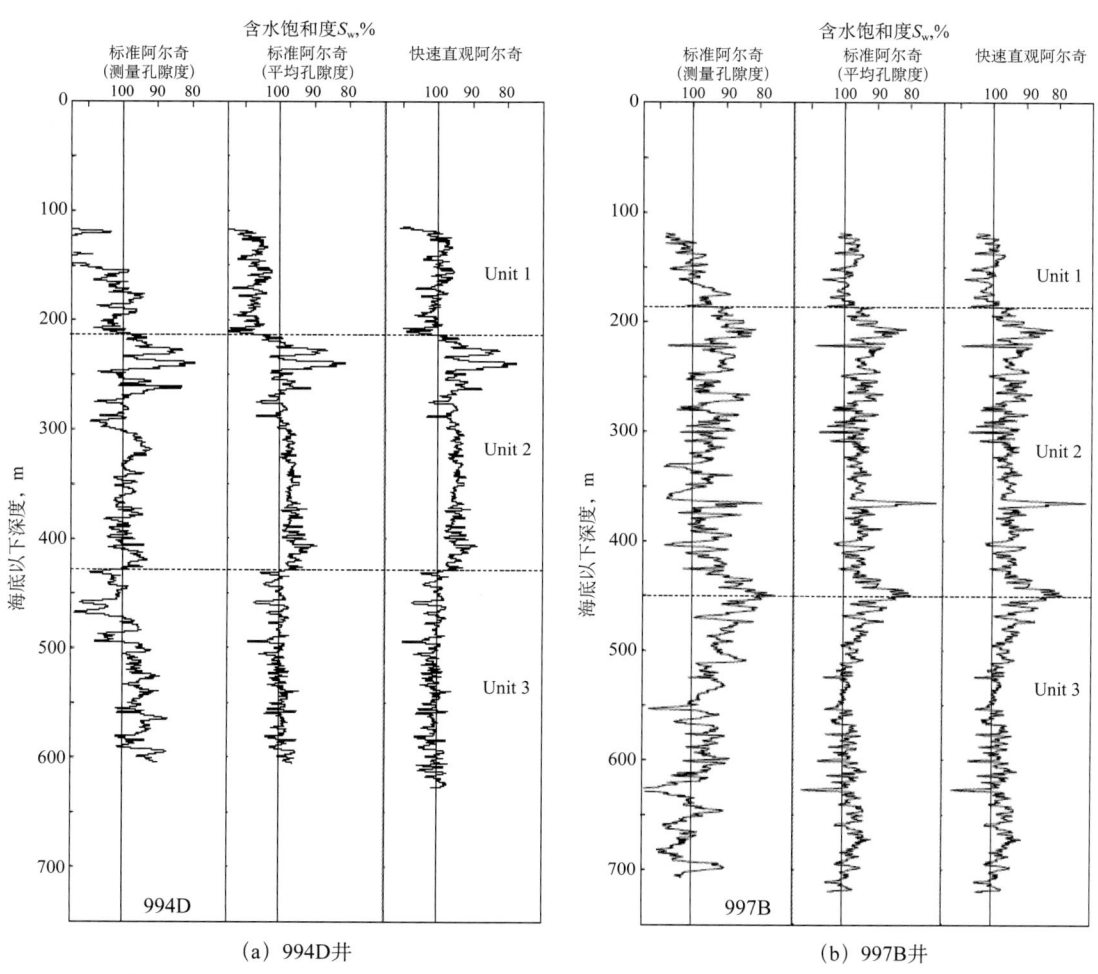

图 4.11 ODP164 航次 994D 井和 997B 井用标准阿尔奇公式和快速直观公式
计算的含水饱和度 S_w（$S_h=1-S_w$）

总之，虽然ODP164航次所在的布莱克脊沉积地层有较高的泥质含量，在没有进行校正的情况下，利用阿尔奇公式计算仍然得到比较精确的S_h。

4.3.1.3 泥质校正方法

严格地说，基于阿尔奇公式的方法都适用于只包含非导电性岩石骨架的非泥质储层（纯净砂岩储层），对黏土含量少的地层也可以取得较好的结果。由于黏土通常具有很高的导电性，如果岩石中含有大量泥质（黏土），利用阿尔奇公式将大大影响解释的正确性。

黏土对电阻率影响的校正方法有很多种，早期的方法几乎都基于饱含导电电解质与导电岩石骨架的并联电路模型。1963 年，Simandoux 利用这个概念提出泥质砂岩地层的电导率为地层水的电导率与黏土电导率之和，用以下公式描述地层中的黏土含量的影响：

$$\frac{1}{R_0} = \frac{1}{a_c \phi^{-m_c} R_w} + \frac{(1-\phi)C_v}{R_c} = \frac{1}{FR_w} + Q_c \quad (4.37)$$

式中　F——地层因数；

a_c，m_c——纯净砂岩地层中的阿尔奇参数；

C_v——黏土所占岩石骨架的含量；

R_c——黏土的电阻率；

Q_c——有效黏土电导率。

通过式（4.37）可知，在泥质砂岩储层中，如果不进行泥质含量校正，使用阿尔奇公式将高估储层孔隙度。

有学者发现，随着黏土含量的增多，阿尔奇公式中的参数 a 增加而 m 减小[88]，因此 a 和 m 为黏土含量的函数，按下式计算 Q_c：

$$Q_c = \frac{\phi^m (a_c - a\phi^{m_c-m})}{a_c a R_w} \quad (4.38)$$

式（4.37）称为西门度（Simandoux）公式，含水饱和度按下式进行估计：

$$S_w = \left[\frac{a_c R_w (1 - R_t Q_c / R_t)}{\phi^{m_c}} \right]^{1/n} \quad (4.39)$$

通过估算有效黏土电导率 Q_c，可以得出泥质砂岩储层的含水饱和度，进而计算天然气水合物饱和度，具体方法为：(1) 计算出 Q_c；(2) 从测量得到的地层视电导率（$1/R_0$）中减去 Q_c；(3) 利用 S_w 的公式计算地层含水饱和度；(4) $S_h = 1 - S_w$。这种方法的使用条件为黏土对电导率的贡献小于孔隙流体贡献的 40%。如果在纯净的砂岩地层中，则应令 $a = a_c$、$m = m_c$、$Q_c = 0$，这时式（4.39）就简化为标准阿尔奇公式[式（4.33）]。

Mount Elbert 试验井利用电阻率测井资料计算得到的天然气水合物饱和度如图 4.12 所示。图 4.12（a）为没有进行泥质含量校正的阿尔奇公式的计算结果

($a=1.7$,$m=1$,$a_c=1$);图 4.12(b)为按照式(4.39)进行了泥质含量校正的天然气水合物饱和度($m_c=1.6$)。由核磁共振—密度方法(详见 4.4.1 节)计算得到的天然气水合物作为标准进行对比。可见,未进行泥质含量校正的计算结果较小,而进行了泥质校正后的结果更为接近核磁共振—密度的结果。

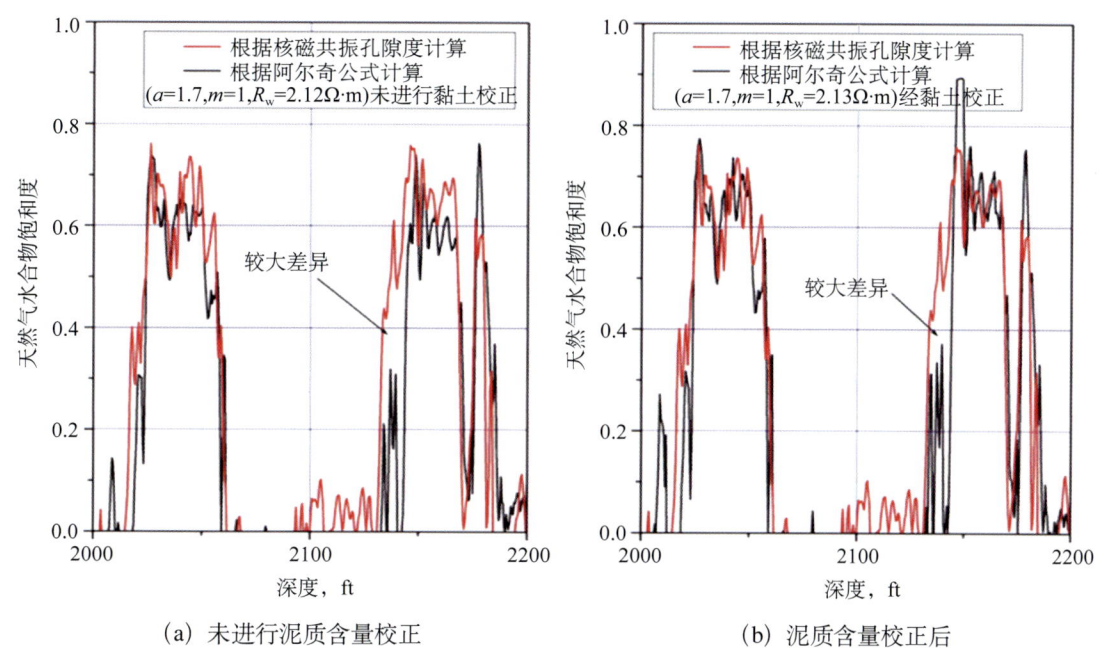

(a) 未进行泥质含量校正　　　　(b) 泥质含量校正后

图 4.12　Mount Elbert 试验井利用电阻率资料得到的天然气水合物饱和度[76]

此外,还有许多针对含泥质地层的电阻率测井解释方法,如 Indonesian 公式解析法以及 Waxman–Smits 模型解析法等。所有方法的相同之处在于它们的模型都是由地层水与黏土两种组分构成,不同的是黏土的电导率的计算方法不同。

Indonesian 模型最初是为了解释印度尼西亚砂泥岩油气藏中的含水饱和度高估问题而提出的。这个模型认为泥质含量影响地层的真实电阻率,常用下面的公式:

$$C_t = \frac{C_w}{F}S_w^2 + 2\left(\frac{C_w V_{sh}^{2-V_{sh}} C_{sh}}{F}\right)^{1/2} S_w^2 + V_{sh}^{2-V_{sh}} C_{sh} S_w^2 \tag{4.40}$$

式中　C_t——地层电导率;

C_w——地层水电导率;

C_{sh}——地层中泥质的电导率;

F——地层因素参数;

S_w——含水饱和度；

V_{sh}——泥质含量。

1968 年，Waxman 和 Smits 基于泥质的阳离子交换能力（CEC）提出了电阻率与含水饱和度之间的关系式。1974 年，由 Waxman 和 Thomas 扩展到用来进行含泥质油气藏的评价。Waxman–Smits 模型解析法表述如下：

$$C_t = \frac{C_w}{F} S_w^n + \frac{BQ_v}{F} S_w^{n-1} \tag{4.41}$$

$$Q_v = \frac{(1-\phi)\rho_m \text{CEC}}{100\phi} \tag{4.42}$$

式中 B——参数，用来调节在低电导率情况下引起的误差；

Q_v——单位孔隙体积的阳离子交换能力，meq/mL；

CEC——阳离子交换能力，常由获得的岩心测得。

基于阿尔奇公式的电阻率测井评价方法都是通过先求得地层含水饱和度，再通过简单关系式 $S_h=1-S_w$ 间接得到天然气水合物饱和度。这种间接方法适用于孔隙中含较多自由水的地层；当孔隙中除天然气水合物之外主要含冰或含气时，应用效果需要重新审视。

目前绝大多数电阻率评价天然气水合物饱和度都是利用阿尔奇公式；在早期的 DSDP 计划中，还曾使用一种简单的归一化方法利用电阻率测井资料计算天然气水合物储层的含天然气水合物饱和度[89]。

在 DSDP570 天然气水合物钻井的资源评价过程中应用的电阻率归一化技术描述如下：产出大块状纯净天然气水合物岩心的层段具有井段中最大的电阻率（校正后），将其标记为饱和度为 100%；将全井段的电阻率除以该峰值，得到的归一化的曲线即为天然气水合物饱和度（范围：0～1），如图 4.13 所示。1.0 值对应于纯天然气水合物，不含岩石骨架和地层水（冰）。

图 4.13（a）为 DSDP570 钻孔经过井眼和层厚校正之后的深电阻率曲线（双感应测井），其中 1965～1970m 层段的电阻率突然增大至 175Ω·m，是其他大部分层段的 100～150 倍，指示出天然气水合物储层和大块状天然气水合物的存在（其他测井方法也有对应显示）。图 4.13（b）为将图 4.13（a）归一化后的深电阻率（天然气水合物饱和度）。根据这种方法计算得到的此层段天然气水合物饱和度见表 4.5，1968.2～1968.8m 这段 0.6m 厚的地层对应归一化深电

阻率为 0.85～1.0。这种直接归一化技术的适用条件非常特殊,应谨慎使用。

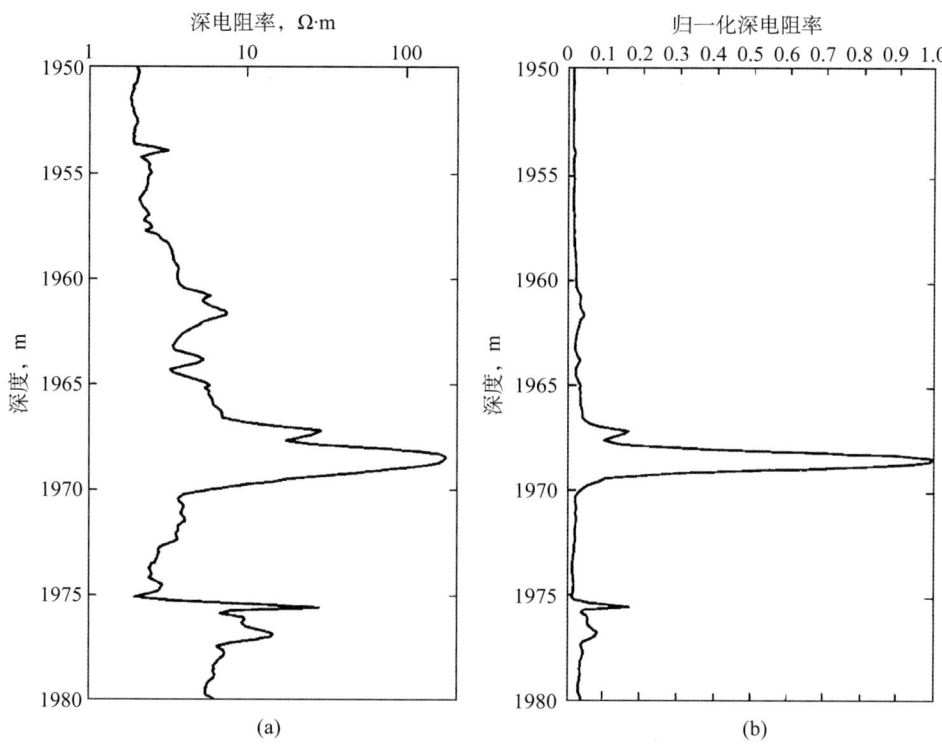

图 4.13 DSDP570 钻孔的深电阻率 (a) 与归一化深电阻率 (b)

表 4.5 DSDP570 钻孔归一化深电阻率曲线得到的天然气水合物饱和度

层段, m	厚度, m	天然气水合物饱和度, %
1985.5～1966.15	7.65	3
1966.15～1966.9	0.75	5
1966.9～1967.8	0.90	13
1967.8～1968.2	0.50	21
1968.2～1968.8	0.60	98
1968.8～1969.4	0.60	25.5
1969.4～1970.15	0.75	4
1970.15～1973.5	3.35	2

4.3.2 声波测井评价方法

4.3.2.1 声波声速法

在讨论声速测井资料的孔隙度模型时，曾给出不同条件下含天然气水合物地层中的声速与模型中各组分之间的关系。其中 Lee 加权平均公式即式（4.21），适用于海底具有较高孔隙度沉积物中天然气水合物饱和度的估算。

在不同的地层条件下，应该根据实际情况的不同建立或选取不同的模型，使用相应的 v_{Wood} 和 v_{Timur}。例如，地层为 A 类储层或 D 类储层条件（骨架、水和天然气水合物），则利用式（4.13）和式（4.17）分别计算 v_{Wood} 和 v_{Timur}；对应于 B 类储层条件（骨架、冰和天然气水合物），可根据式（4.14）和式（4.19）计算 v_{Wood} 和 v_{Timur}。

声波在沉积物地层中的传播速度很大程度上受孔隙度的控制。准确的孔隙度数据对声波测井资料估算天然气水合物饱和度非常重要。ODP164 航次中 994、995 和 997 站位的含天然气水合物的层段深度段为 139～450m，用式（4.21）估算天然气水合物含量时，由于这几个井位的井眼环境恶劣，不同方法求出的孔隙度差异较大，计算中分别使用密度孔隙度、岩心孔隙度和岩心线性拟合孔隙度，并对结果进行了对比分析（图 4.14）。

表 4.6　计算天然气水合物饱和度的声学参数[13, 90]

参数	W	n	v_w	v_h	v_m
数值	1.1	1	1.5km/s	3.3km/s	4.37km/s

ODP164 航次中利用含水量、湿体密度、干体密度和颗粒密度的岩心测量方法得到了岩心孔隙度（椭圆形）。通过对比发现，岩心孔隙度小于密度测井孔隙度。这三个站位整个井段的声波速度均大于 1.5km/s，并随深度的增加而增大，在靠近 BSR 的位置接近 2km/s。

地层中的天然气水合物饱和度随着深度的增加呈增大的趋势，在接近 BSR 深度的地层中约为 10%～15%。基于岩心孔隙度的计算结果与根据氯离子含量异常及电阻率计算的结果非常接近；基于线性近似孔隙度的天然气水合物饱和度计算结果略高于基于岩心孔隙度的计算结果，但仍非常接近。三个站位的天然气水合物饱和度平均值为 4.4%，根据孔隙度平均值 57.5% 可知地层中约有 2.5%（体积分数）为天然气水合物[91]。

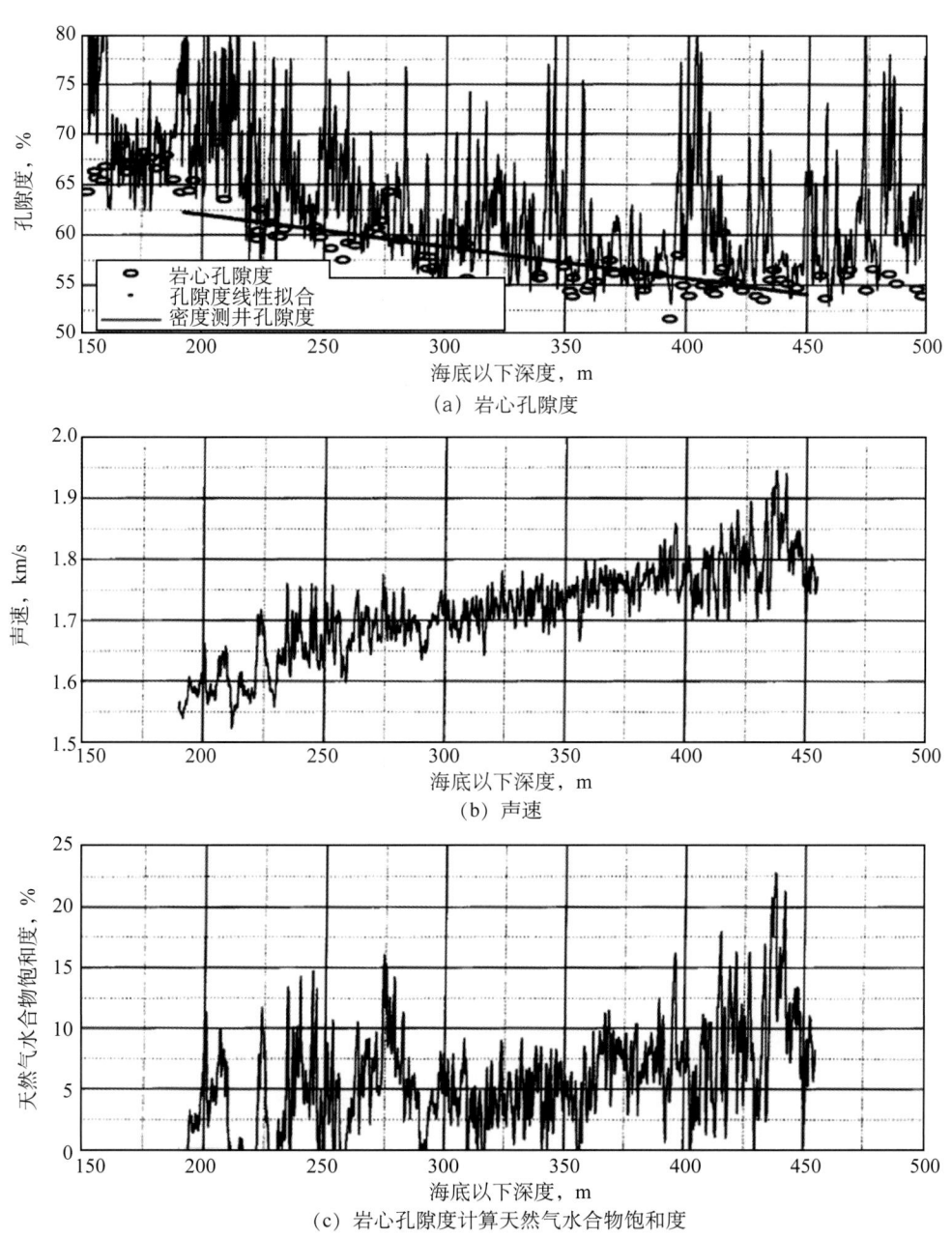

图 4.14　ODP164 航次 995 站位的天然气水合物饱和度[91]

权重参数 $W=1.1$ 是根据对天然气水合物储层和上覆地层岩心样品进行测量得到的声速和孔隙度来确定的。W 的不同会对计算结果造成很大影响。如

果取 $W=1$，以 995 站位为例，根据密度孔隙度计算得到的平均饱和度为 5.44%～7.19%，有近 26% 的下降。

计算结果表明，利用声波测井资料估算天然气水合物储层中天然气水合物饱和度的方法依赖孔隙度的可信程度，见表4.7。井眼由于被冲刷和本身的不规则性会影响测井资料的质量。根据声波测井资料估算的天然气水合物饱和度的结果并不精确，但声波测井资料结合岩心分析能为天然气水合物储层的识别提供非常有用的信息。

表 4.7　由声波资料计算所得孔隙度和天然气水合物饱和度估算结果

站位	测井声速 km/s	天然气水合物饱和度 %	孔隙度 %	备注
994	1.70±0.07	7.4±6.6	61.0±5.1	密度孔隙度
		3.9±3.6	62.2±6.2	岩心孔隙度
		4.9±3.5	57.9	岩心孔隙度的线性近似
995	1.72±0.07	9.8±5.4	62.2±6.2	密度孔隙度
		5.7±4.1	57.9±3.5	岩心孔隙度
		6.3±3.5	58.1	岩心孔隙度的线性近似
997	1.68±0.09	12.1±8.7	68.7±9.1	密度孔隙度
		3.8±5.3	58.3±3.5	岩心孔隙度
		4.0±5.0	58.2	岩心孔隙度的线性近似

4.3.2.2　声波交会图法

声波的纵波与横波波速比（v_p/v_s）可以反映地层的岩性，多种岩石中声波的横波波速 v_s 和纵波波速 v_p 之间存在简单的线性关系[92]，即：

$$v_s = av_p + b \tag{4.43}$$

式中　a，b——常数。

由于 v_s 受岩石孔隙中赋存流体类别影响不大，Williams 将 v_p 作为因变量，并将等式两端分别除以 v_s，整理得到：

$$v_p/v_s = A + B \Delta t_s \tag{4.44}$$

式中 Δt_s——横波慢度，$\Delta t_s = 1/v_s$；

A，B——常数。

此式在大量含水砂岩中非常符合，通过对比测量得到的 v_p/v_s 和特定地层中的预测结果（v_p/v_s 与 t_s 的交会图），可识别压缩系数与水差别较大的流体[93]。这种方法需要对横波和纵波波速进行准确的测量，在很多种地层中，偶极子或多极子声波测井仪都可以测量横波波速。

Akihisa 在利用声波测井资料评价南海海槽的天然气水合物时认为，如果测量结果显示偏离了含水砂岩中的线性关系，就应该存在天然气水合物[38]，如图 4.15 所示，含天然气水合物砂岩段向左下方移动。

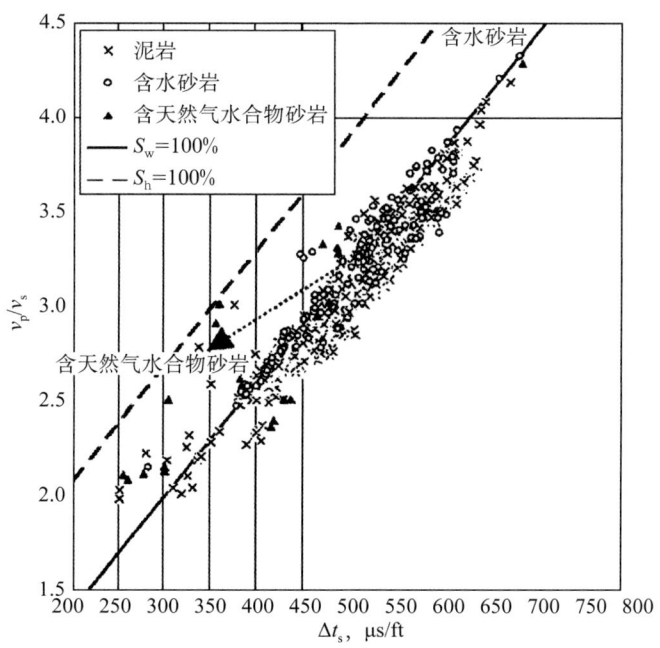

图 4.15 南海海槽 PSW-1 井的 v_p/v_s 交会图[38]

天然气水合物饱和度可以根据下面的经验公式计算。

$$S_h = \frac{v_p/v_s - a_w t_s - b_w}{(v_p/v_s)_{S_h=100\%} - a_w (t_s)_{S_h=100\%} - b_w} \tag{4.45}$$

式中 Δt_s——横波时差；

$(v_p/v_s)_{S_h=100\%}$——$S_h=100\%$ 处的 v_p/v_s 值；

$(t_s)_{S_h=100\%}$ —— S_h=100%处的t_s值；

a_w，b_w——常数。

4.3.3 中子伽马能谱碳氧比方法

碳氧比能谱测井属于中子伽马能谱测井（GST）范畴，能得到岩石矿物中大多数元素的信息。通过建立详细的矿物模型，碳氧比能谱测井提供了一种定量评价地层中天然气水合物饱和度的方法。

中子伽马能谱测井仪由一个高能脉冲中子发射器（14MeV）和一个NaI闪烁晶体探测器组成，测井过程中特定的中子—元素作用决定每种元素对应一种典型的伽马射线。通过伽马能谱分析，可根据某一元素特征伽马射线强度来判断其元素的含量，综合各元素产额，可以计算储层孔隙度、岩性、地层流体矿化度、油气饱和度（包括天然气水合物饱和度）。

4.3.3.1 天然气水合物储层扇形图

中子伽马能谱测井仪测量地层中碳、钙、氧、硫、硅、氯和氢元素的含量。地层中所含某种特定元素的多少不仅由岩石骨架的矿物成分决定，还取决于地层中的水和烃（包括天然气水合物）的含量。

用于求取天然气水合物饱和度的元素比主要为碳和氧元素的伽马射线能谱比（C/O）。应用分子化学计算方法，可以计算出单位体积的孔隙和骨架中所含C和O的含量，包括水、甲烷气、冰、结构Ⅰ型甲烷水合物、砂岩（石英）骨架、石灰岩（方解石）骨架、黏土（蒙皂石、伊利石、绿泥石、高岭土）骨架和分散的有机碳。

应用简单混合原理和元素的浓度（表4.8），可推导出用于确定天然气水合物储层饱和度的元素比。C/O储层模型包括石英或方解石骨架（不含黏土）、天然气水合物及水、冰或甲烷气。

表4.8 储层典型组成要素中碳和氧的元素浓度[60, 94]

储层组成要素	化学式	密度	元素浓度 $10^{22}/cm^3$	
			碳	氧
结构Ⅰ型天然气水合物	$7.598CH_4+46H_2O$	$0.91g/cm^3$	0.439988	2.662037

续表

储层组成要素	化学式	密度	元素浓度 $10^{22}/cm^3$	
			碳	氧
甲烷	CH_4 (2.580MPa, 273.15K)	1.209mol/dm³	0.072807	0
纯水	H_2O	1.0g/cm³	0	3.342758
冰	H_2O	0.92g/cm³	0	3.008482
石英	SiO_2	2.65g/cm³	0	5.311965
方解石	$CaCO_3$	2.71g/cm³	1.630520	4.891559
伊利石	$K_{1-1.5}Al_4(Si_{6.5-7}Al_{1-1.5})O_{20}(OH)_4$	2.53g/cm³	0	4.938860
蒙皂石	$(Ca, Na)_7(Al, Mg, Fe)_4(Si, Al)_8O_{20}(OH)_4$	2.12g/cm³	0	4.637710
高岭石	$Al_4(Si_4O_{10})(OH)_8$	2.42g/cm³	0	5.059320
绿泥石	$(Mg, Al, Fe)_6(Si, Al)_4O_{10}(OH)_8$	2.77g/cm³	0	4.938860
有机碳	C	1.2g/cm³	6.016530	0

图 4.16 为天然气水合物储层中不同元素组分的数值模拟结果（C/O 扇形图）。计算过程中使用相对简单的三组分储层模型，包括不含黏土的石英（砂岩储层）和方解石（石灰岩储层）骨架、天然气水合物、冰、水和甲烷气的孔隙填充成分。天然气水合物的 C/O 扇形图与传统油气藏中的结果相近，但砂岩天然气水合物储层中 C/O 的有限范围值得引起关注。例如，图 4.16（a）中，当孔隙度达到 40% 时，C/O 的最大预测结果只有 0.04，这与仪器测量的不确定范围相近，在石灰岩天然气水合物储层中不存在这个问题。

4.3.3.2 天然气水合物储层的 C/O 响应模型

中子伽马能谱测井仪测量得到的碳和氧元素的含量不仅受地层孔隙中流体的控制，而且受井眼中流体和岩石骨架的化学性质的影响。考虑井底条件下所有碳、氧元素来源的 C/O 响应方程的一般形式为[95]：

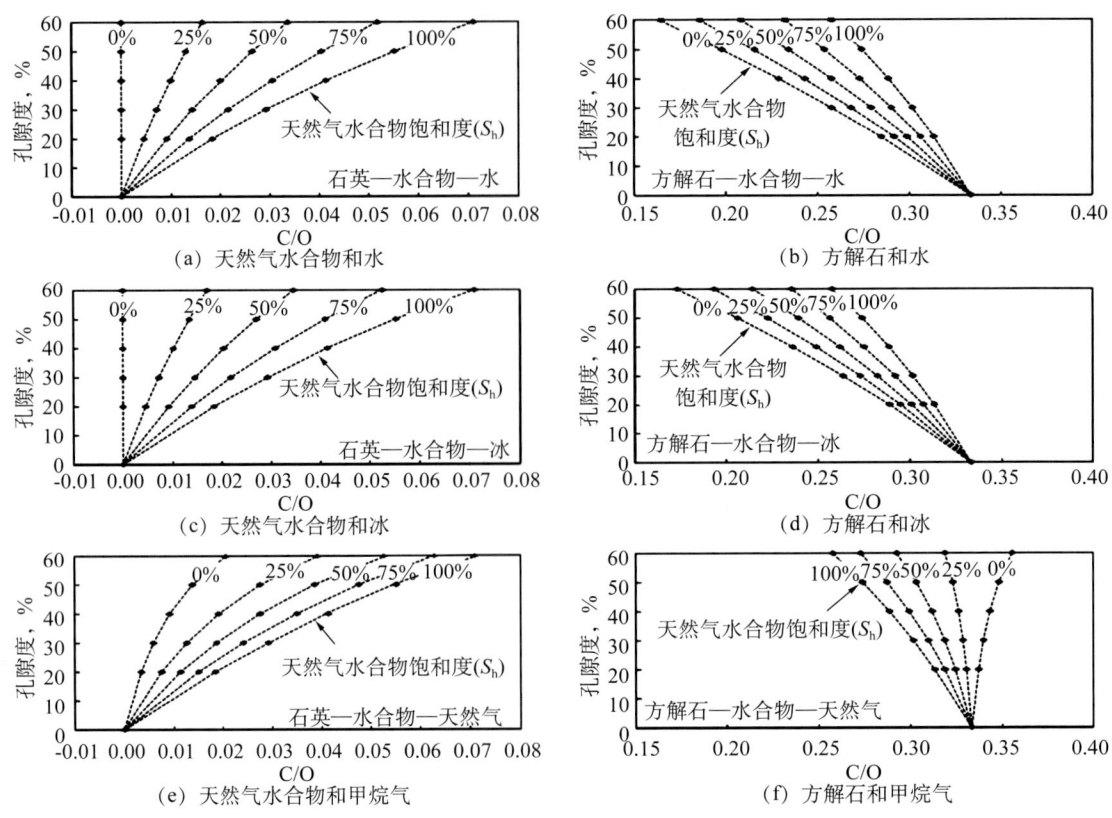

图 4.16 碳氧比天然气水合物饱和度计算图版[94]

$$C/O = A\frac{C_m + C_p + C_b}{O_m + O_p + O_b} \quad (4.46)$$

式中 C/O——碳氧比值；

A——碳和氧元素相对非弹性中子界面决定的常数；

C_m，C_p，C_b——骨架、孔隙和井眼中的碳含量；

O_m，O_p，O_b——骨架、孔隙和井眼中的氧含量。

大多数储层条件下，A 值为常数，通过直接计算和蒙特卡罗模拟得到在大多数地层中 A 值为 0.75[95]。

传统的储层评价环境，在岩石骨架对碳元素（C_m）的贡献中，碳酸盐岩（包括石灰岩和白云岩）是仅有的重要贡献；而海底天然气水合物储层环境中含有充足的有机碳。孔隙中的碳（C_p）基本来自碳氢化合物（烃）。骨架中的氧含量 O_m 来源复杂，因为氧元素几乎存在于地层中所有骨架成分中。O_p 主要来源于地层中的水。井眼中的碳（C_b）和氧含量（O_b）是井眼尺寸、仪器和套筒外径、井眼流体化学成分的函数。

式（4.46）可以根据不同井眼和地层环境，考虑多种成分的体积和单位体积内的碳、氧含量进行加权来扩展和修正。

假设地层为含天然气水合物的A类储层、B类储层和D类储层的情况下，用碳氧比伽马射线能谱仪器探测的C、O来源的方程如下：

$$C/O = A \frac{\alpha(1-\phi) + \beta\phi S_h + C_b}{\gamma(1-\phi) + \delta\phi(1-S_h) + \mu\phi S_h + O_b} \tag{4.47}$$

式中　μ——结构Ⅰ型甲烷水合物中氧的丰度；
　　　ϕ——孔隙度；
　　　S_h——天然气水合物饱和度；
　　　C_b——井眼中的相对碳原子的含量，A类储层取0；
　　　O_b——井眼中的相对氧原子的含量，A类储层取0.05；
　　　α——骨架中碳原子丰度；
　　　β——地层孔隙中碳原子丰度；
　　　γ——骨架中氧原子丰度；
　　　δ——地层孔隙中氧原子丰度。

式（4.47）还可以修改以适用于复杂的矿物组成情况。碳氧比数据的准确解释依赖于储层组成成分的精确化学分析（表4.8）。

假设地层为C类储层，孔隙中有较多天然气，理论上应考虑天然气的影响，在式（4.47）中加入天然气对C贡献的一项，成为：

$$C/O = A \frac{\alpha(1-\phi) + \beta\phi S_h + \chi\phi(1-S_h) + C_b}{\gamma(1-\phi) + \delta\phi(1-S_h) + \mu\phi S_h + O_b} \tag{4.48}$$

式中　χ——孔隙中天然气中碳原子丰度。

如果海底沉积物呈较好的颗粒状，就会把有机碳集中起来。海洋沉积物骨架中的有机碳对利用C/O计算的饱和度有较大的影响（图4.17）。

考虑了骨架中有机碳来源的伽马射线能谱碳氧比可以用下面的四组分碳氧比公式明确地表示：

$$C/O = A \frac{\alpha(1-\phi)(1-C) + \eta[C(1-\phi)] + \beta\phi S_h + C_b}{\gamma(1-C)(1-\phi) + \delta\phi(1-S_h) + \mu\phi S_h + O_b} \tag{4.49}$$

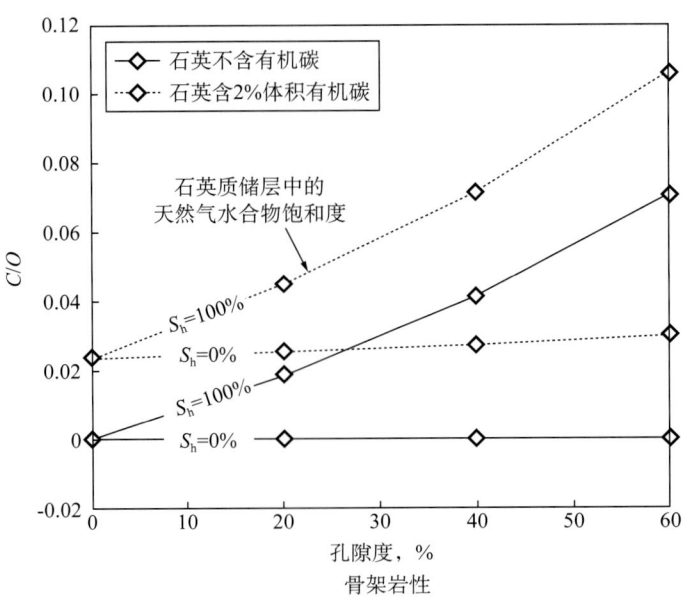

图 4.17　天然气水合物（砂岩）储层孔隙度与 C/O 的关系[94]

式中　C——沉积物中有机碳含量的体积分数；

η——自然界中出现的有机碳中碳的浓度。

这个四组分的公式可以描述以石英、方解石和有机碳为骨架，孔隙中含水和天然气水合物的储层。利用它计算天然气水合物饱和度，首先要确定地层骨架、井眼流体和仪器外壳等来源的碳和氧元素的含量。

图 4.18 是利用式（4.49）计算 ODP164 航次 994C 井和 995B 井（井段 2 已确定为天然气水合物储层）的天然气水合物饱和度曲线。使用 C/O 得到的天然气水合物饱和度为离散值（差异 10% 左右），图中同时给出根据电阻率测井使用阿尔奇公式计算得到的天然气水合物饱和度（使用平均岩心孔隙度）。

碳氧比计算得到的天然气水合物饱和度的范围为 $-10\% \sim 30\%$。饱和度出现负值显然是错误的，原因可能是井眼扩大影响了测量而没进行正确的井眼校正，说明利用碳氧比计算天然气水合物受井眼尺寸和不规则程度的影响较大。995B 井的井眼状况相对较好，碳氧比计算得到的饱和度与电阻率饱和度非常一致。

表 4.9 给出了计算所需要的绝大部分参数，其他参数假设为常数：$A=0.75$，$\beta=0.007306$，$\eta=0.099908$，$\delta=0.055509$ 和 $\mu=0.044205$（阿佛伽德罗常数为 6.022045×10^{23}）。

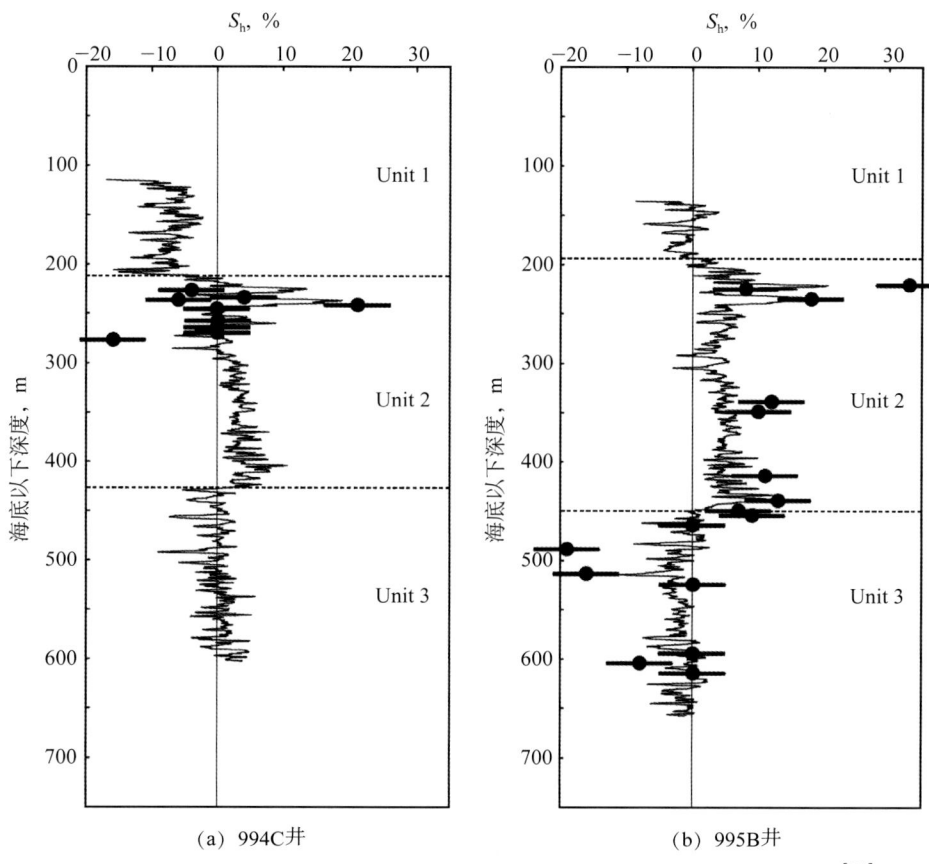

图 4.18　ODP164 航次 994C 井和 995B 井的天然气水合物饱和度[94]

4.3.4　介电测井评价方法

普通电阻率测井和侧向测井属于直流电测井；感应测井属于交流电测井，由于频率不高，主要测量地层的电阻率参数。如果电法测井仪器的工作频率增高到兆赫兹（MHz）级以上，就称为电磁波传播测井。介电测井（1.1GHz）即属于这个范畴。

介电测井是石油工业中为了解决二次（或三次）采油后出现低电阻率油层或高电阻率水层的情况而出现的。根据表 2.1，水与天然气水合物的介电常数存在较大差异，随钻高频介电测井是区分二者的有效手段[21]，也被应用于天然气水合物储层评价。实践表明，介电测井与密度测井资料相结合可同时计算出地层孔隙度和天然气水合物饱和度，相对于其他方法还具有更高的纵向分辨率（小于 5cm）[96]。

表 4.9 利用 GLT C/O 资料计算天然气水合物饱和度所需要的信息实例

井号	确定的水合物位置 msbf	处理后的碳氧比值	孔隙度 %	有机碳含量（体积分数）%	骨架中碳含量 %	骨架中氧含量 %	井眼中碳的校正因数	井眼中氧的校正因数	天然气水合物饱和度
994C	228	0.025	61	1.0	0.004	0.081	0.007	0.183	−4
	233	0.052	61	0.9	0.005	0.081	0.007	0.068	+4
	238	0.026	60	0.9	0.005	0.080	0.007	0.183	−6
	243	0.034	60	0.9	0.005	0.080	0.007	0.160	+21
	248	0.026	57	0.9	0.005	0.080	0.007	0.210	0
	258	0.034	58	1.0	0.004	0.081	0.007	0.135	0
	263	0.018	62	1.1	0.003	0.080	0.007	0.260	0
	268	0.032	60	1.1	0.003	0.080	0.007	0.125	0
	278	0.032	58	1.2	0.003	0.080	0.007	0.135	−16

国外的介电测井仪器以 EPT（Electromagnetic Propagation Tool）为代表。EPT 是一种极板型、贴井壁测量仪器，以消除井眼不规则和泥饼的影响。EPT 主要测量电磁波在地层中传播的时差 t_{pl}（单位为 ns/m）、两个接收天线的信号电平 L_N 和 L_F（单位为 dB），根据 L_N 和 L_F 计算出衰减率 α（单位为 dB/m）：

$$\alpha = \frac{L_N - L_E}{L} \tag{4.50}$$

式中 L——两个接收天线的距离。

介电测井的解释方法所遵循的原则和声波测井一样，即得到的电磁波传播时差等于岩石各种成分的时差按所占体积的加权平均值[97, 98]，符合多组分的岩石物理模型原则。电磁波在孔隙度 ϕ、天然气水合物饱和度 S_h、孔隙中水的饱和度 $S_w = 1 - S_h$ 的岩石中的时差为：

$$t_{pl} = \phi S_w t_{pw} + \phi S_h t_{ph} + (1-\phi) t_{pma} \tag{4.51}$$

式中 t_{pw}，t_{ph}，t_{ma}——电磁波在水、天然气水合物和岩石骨架中的时差。

电磁场在介质中的传播同时受自由电荷（导电性）和束缚电荷（介电性）的影响，介电测井记录的电磁波传播时差和幅度衰减可用来得到介质的以上两种属性：相对介电常数和电导率。如果仪器发射的为正弦电磁波，根据Maxwell方程，有：

$$\varepsilon_r = C^2\left(t_{pl}^2 - \frac{\alpha^2}{2978.5f^2}\right) \tag{4.52}$$

$$\sigma = \frac{\alpha t_{pl}}{5458} \tag{4.53}$$

式中 ε_r——相对介电常数；

σ——电导率，S/m；

C——光在真空中的传播速度，0.3m/ns；

f——正弦仪器频率，EPT为1.1GHz。

需要指出的是，式（4.52）只适用于正弦平面波在均匀且各向同性的介质中传播的情况。

对于介电测井得到的这两个参数，同样可以应用多组分体积模型原则进行近似[96]。将含天然气水合物储层中的多相系统近似认为是连续的、各向同性的均匀介质，储层的有效磁导率为1，那么储层的介电常数和体密度满足如下多组分体积平均关系式：

$$\rho = \sum_i \phi_i \rho_i \tag{4.54}$$

$$\sqrt{\varepsilon_r} = \sum_i \phi_i \sqrt{\varepsilon_{ri}} \tag{4.55}$$

$$\sum_i \phi_i = 1 \tag{4.56}$$

式中 ϕ_i，ρ_i，ε_{ri}——储层中第i种物质的孔隙度、密度和相对介电常数；

ρ，ε_r——储层体密度和介电常数。

式（4.54）、式（4.55）还可以根据不同的天然气水合物多组分模型进行简化和扩展。对于只含岩石骨架、天然气水合物和液态水的模型A和模型D来说，可具体简化为如下三组分形式：

$$\rho = (1-\phi)\rho_{ma} + \phi S_h \rho_h + \phi(1-S_h)\rho_w \tag{4.57}$$

$$\sqrt{\varepsilon_r} = (1-\phi)\sqrt{\varepsilon_{rma}} + \phi S_h \sqrt{\varepsilon_{rh}} + \phi(1-S_h)\sqrt{\varepsilon_{rw}} \tag{4.58}$$

式中　ϕ——总孔隙度；

S_h——天然气水合物饱和度；

ρ_{ma}，ρ_h，ρ_w——岩石骨架、天然气水合物和水的密度；

ε_{rma}，ε_{rh}，ε_{rw}——岩石骨架、天然气水合物和水的相对介电常数。

给定各组分的密度值和相对介电常数（表4.10）后，求解含两个未知数的两个响应方程，可以同时解出地层孔隙度和天然气水合物饱和度。

表4.10　各种不同介质的相对介电常数和时差

介质	ε_r	t_{pl}，ns/m
砂岩	4.65	7.2
白云岩	6.8	8.7
石灰岩	7.5～9.2	9.1～10.2
岩盐	5.6～6.35	7.9～8.4
石英	3.8	6.5
正长石	4	6.7
泥岩	5～25	7.45～16.6
石油	2.0～2.4	4.7～5.2
水	56～80	25～30
淡水（25℃）	78.3	29.5
天然气	1	3.3
空气	1.00585	3.3

2005年，Sun和Goldberg首次应用电缆介电测井的高纵向分辨率资料计算原位状态下的天然气水合物饱和度[96]。Mallik 5L-38井的钻井深度为1165m，自套管底部（676.5m）以下进行了介电测井，其中一段30m厚的天然气水合物

储层段的一组测井结果如图 4.19 所示。

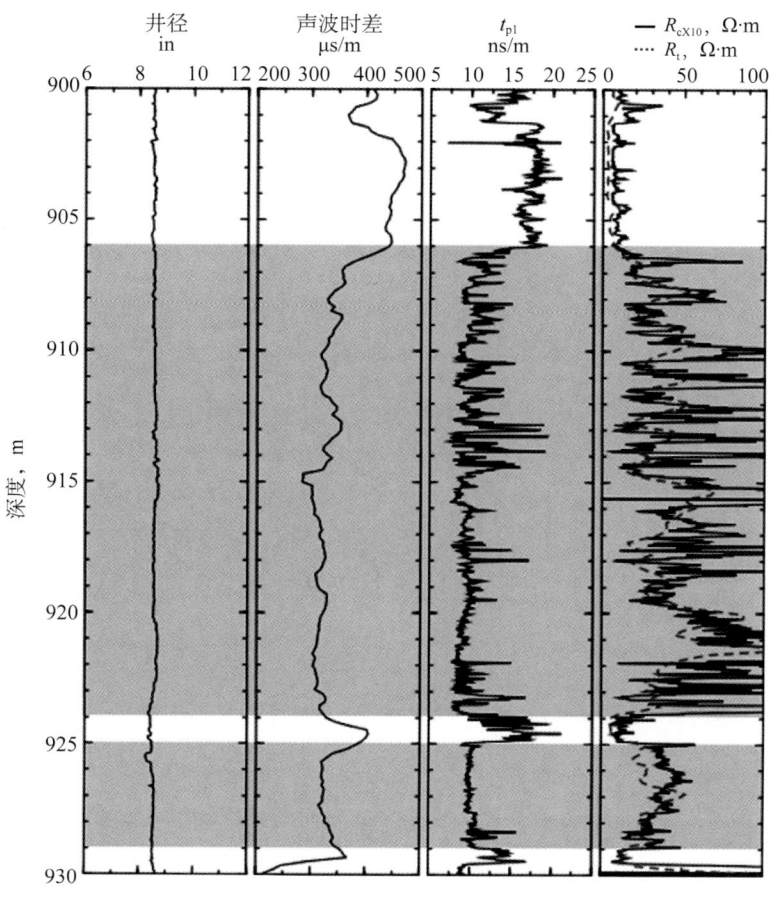

图 4.19　含天然气水合物层段（阴影）的一组测井曲线

井径测井曲线表明，井眼条件非常好；电磁波在天然气水合物层段中的传播速度大于非天然气水合物层段，这一点与声波速度测井相似。测井结果中，电磁波时差 t_{pl} 的曲线形状与声波时差曲线的趋势相近，但纵向分辨率更高。天然气水合物层段的平均 t_{pl} 约为 9.5ns/m，上下围岩沉积物中为 18ns/m；天然气水合物层段的平均 σ 约为 9.7dB/m，其他层段为 18.5dB/m。由于两种仪器频率不同，介电测井电阻率（R_c）与感应测井值（R_t）相比较小，R_c 的纵向分辨率较高。

在根据 t_{pl} 和 α 计算得到的介电常数与储层密度的交会图上（图 4.20），含天然气水合物砂岩层段与其他储层可以清晰地分开。天然气水合物层段的 ε_r 在 5～20 的范围内。

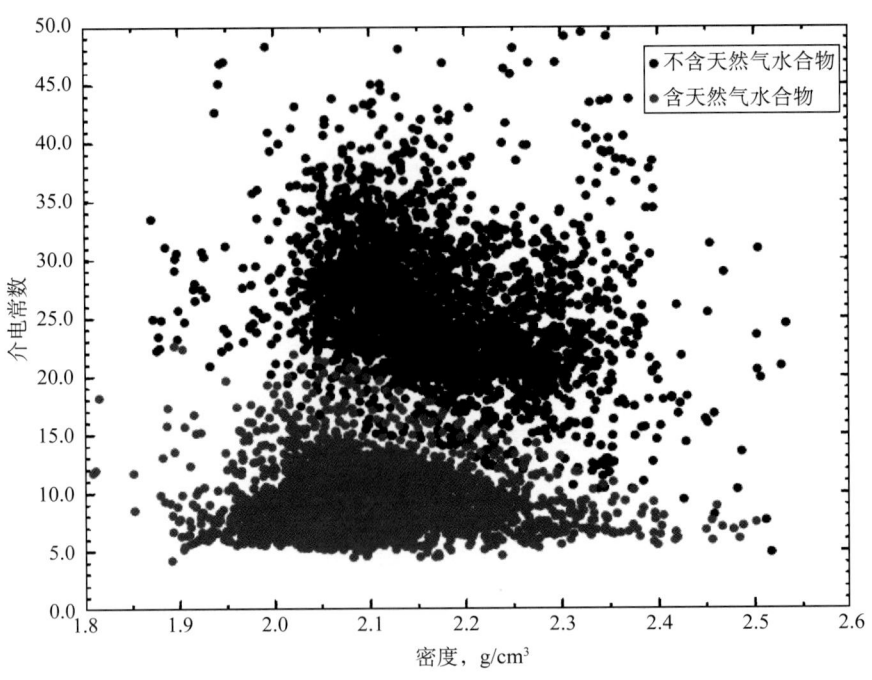

图 4.20　介电常数与密度测井的交会图

图 4.21 为 Mallik 5L-38 井 900～930m 层段由介电测井与感应测井计算得到的天然气水合物饱和度结果。直接利用介电—密度响应方程组计算孔隙度和饱和度，感应测井得到的结果由深电阻率根据阿尔奇公式计算得到。

天然气水合物层段的天然气水合物饱和度的平均值为 70%。介电测井计算结果的纵向分辨率比感应电阻率结果高很多。EPT 得到的天然气水合物饱和度与感应测井的计算结果差异最大能达 15%，原因是阿尔奇公式中的系数仅使用了经验值。介电测井和密度测井联合得到的地层孔隙度与中子孔隙度进行了对比，岩心分析结果表明，中子孔隙度高估了天然气水合物储层的真实孔隙度。

介电测井评价天然气水合物储层孔隙度和饱和度的方法在 Mount Elbert 地区的天然气水合物试验井中也有应用，并且建立了考虑骨架、泥质、自由水、束缚水和钻井液滤液作用的复杂多组分岩石物理模型[99]。对于含有较多黏土的海洋沉积环境中的天然气水合物储层（模型 C），以下关系成立：

$$\rho = (1-\phi)\rho_{ma} + \phi S_h \rho_h + \phi S_{wc}(1-V_{sh})\rho_w + \phi S_{wc} V_{sh} \rho_c \tag{4.59}$$

$$\sqrt{\varepsilon_r} = (1-\phi)\sqrt{\varepsilon_{rma}} + \phi S_h \sqrt{\varepsilon_{rh}} + \phi S_{wc}(1-V_{sh})\sqrt{\varepsilon_{rw}} + \phi S_{wc} V_{sh} \sqrt{\varepsilon_{rc}} \tag{4.60}$$

$$1 = S_h + S_{wc} \tag{4.61}$$

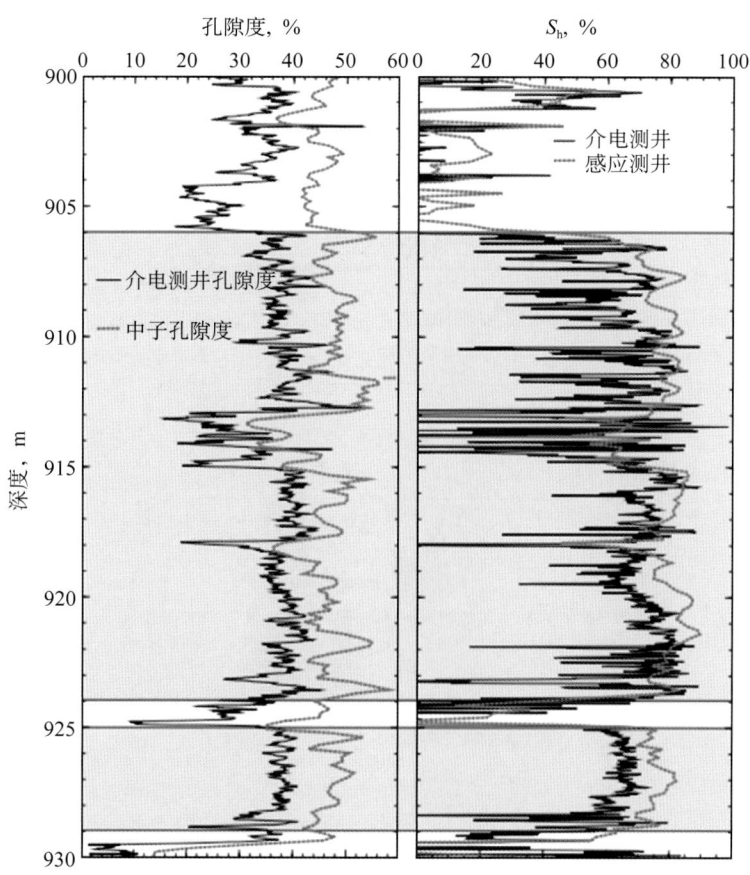

图 4.21 某层段的储层孔隙度与天然气水合物饱和度估算结果
($\varepsilon_{rw}=80$, $\varepsilon_{rh}=3$)

式中 ϕ——总孔隙度；

S_h——天然气水合物饱和度；

S_{wc}——黏土骨架和水的饱和度之和；

V_{sh}——黏土泥质含量，由自然伽马测井得到；

ρ_{ma}, ρ_h, ρ_w, ρ_c——岩石骨架、天然气水合物、水和黏土的密度；

ε_{rma}, ε_{rh}, ε_{rw}, ε_{rc}——岩石骨架、天然气水合物、水和黏土的相对介电常数；

ρ, ε_r——天然气水合物储层的有效介电常数和密度测量值。

实践表明，利用 EPT 时差数据进行计算比利用电磁波衰减数据的算法更加可靠。上述响应关系式中并没有使用 EPT 测量的电磁波衰减数据。

图 4.22 为 Mount Elbert 地区天然气水合物试验井某层段根据自然伽马曲线得到的黏土含量 V_{sh} 与 EPT 电阻率的交会图。天然气水合物层段与其上部的非天

然气水合物地层能够明显分开。天然气水合物储层的 V_{sh} 约为 40%，用于代入式（4.59）至式（4.61）计算天然气水合物饱和度和孔隙度[99]。

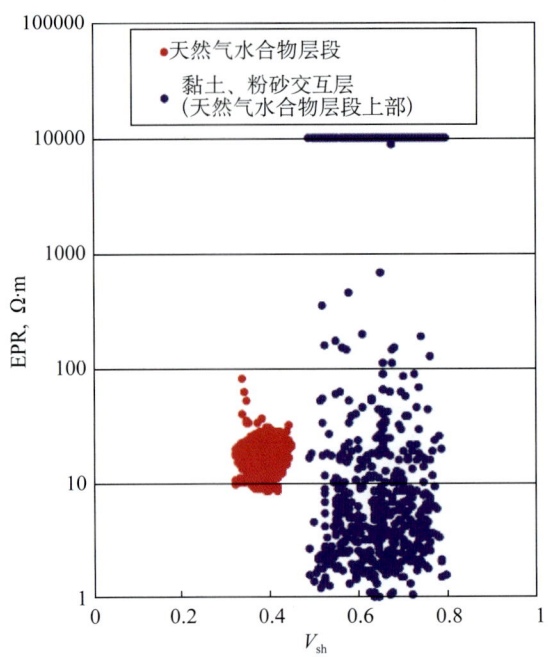

图 4.22　EPT 电阻率与黏土泥质含量的交会图

介电—密度测井方法同时得到储层孔隙度与天然气水合物饱和度，如图 4.23 所示。图中，第 1 道和第 2 道分别为利用 EPT 和 CMR 资料计算得到的天然气水合物饱和度和储层孔隙度的对比。总体上来说，EPT 得到的储层孔隙度与 CMR 计算结果吻合，两种方法得到的天然气水合物饱和度也非常一致。

高天然气水合物含量的层段与井眼微电阻率成像测井图（OBMI）的高亮带对应非常好，计算结果清晰地识别出深度点 627.7m 处的一段约 20cm 厚的天然气水合物储层，具有非常高的纵向分辨率。图 4.23 中特别标出的阴影层段由于井眼不规则和油基钻井液侵入的原因导致 EPT 结果不可靠。计算中使用的其他参数见表 4.11。

4.3.5　孔隙水氯离子浓度法

天然气水合物在形成的过程中排斥溶解于孔隙水中的盐离子。盐离子向外扩散，使周围孔隙水的盐度增加。在一个开放的系统中，随着时间的推移，被排斥的离子在天然气水合物形成之后渐渐扩散。当天然气水合物受温度和压力

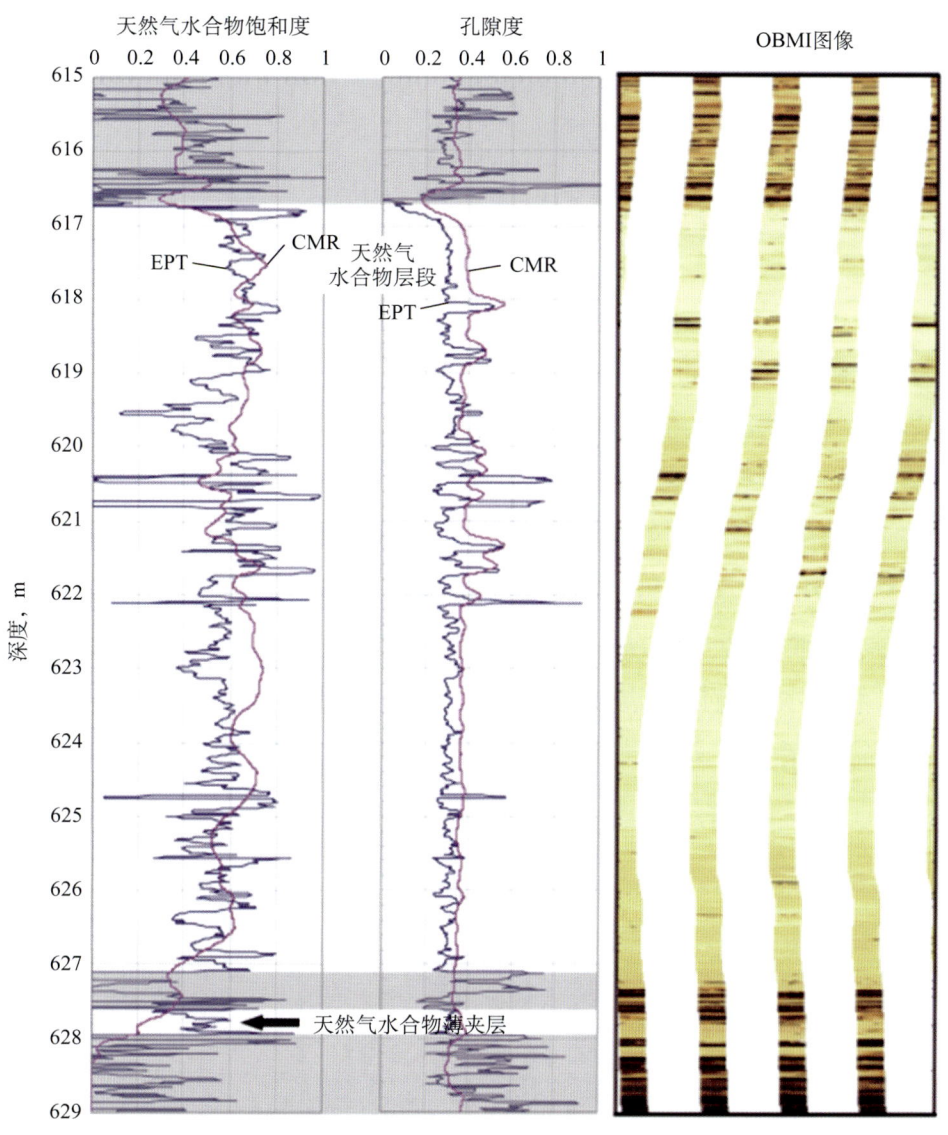

图 4.23　Mount Elbert 试验井某层段的孔隙度与天然气水合物饱和度估算结果[99]

改变或其他条件的影响而分解时，孔隙水又会被稀释，使钻孔获得的天然气水合物样品比不含天然气水合物的样品具有更低的盐度，称为孔隙水氯离子浓度异常。

表 4.11　计算储层孔隙度和天然气水合物饱和度时的参数

参数	ε_{rw}（3℃）	ε_{rma}	ε_{rh}（1.1GHz）	ρ_{ma}（石英）g/cm³	ρ_h g/cm³	ρ_c（粉砂）g/cm³	ρ_w g/cm³
值	82	5	3	2.56	0.92	2.52	1.0

盐类离子的排斥作用可以产生独有的地球化学特征，利用孔隙水氯离子浓度异常不仅可以确定稳定带顶部位置，也能进行天然气水合物饱和度的预测[87]。

根据孔隙水中的氯离子异常，可由下式求得 S_w [100]：

$$S_w = \frac{1}{\rho_h}\left(1 - \frac{Cl_{pw}}{Cl_{sw}}\right) \tag{4.62}$$

式中 ρ_h——纯天然气水合物密度，约为 0.91g/cm³；

Cl_{pw}——实测的孔隙水中氯离子浓度；

Cl_{sw}——正常孔隙水中氯离子的（背景）浓度。

假设储层孔隙水中的氯异常全部为取心时天然气水合物的分解造成，从而计算得到 ODP164 航次 994 井、955 井和 997 井的天然气水合物饱和度（图4.24），与 4.3.1 节中使用阿尔奇公式计算得到的含水饱和度吻合。利用氯离子异常计算天然气水合物饱和度的关键是对 Cl_{sw} 基线的准确预测，常用的方法有：天然气水合物稳定带顶部、底部的氯离子含量趋势计算和对保温保压的岩心进行测量。

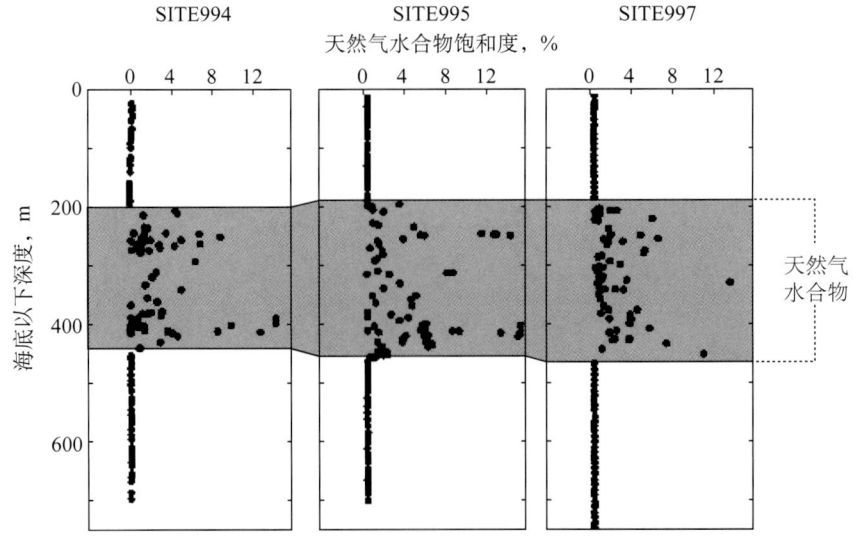

图 4.24 ODP164 航次由氯异常得到的天然气水合物饱和度[37]

4.4 应用核磁共振评价天然气水合物储层

4.4.1 核磁共振—密度方法计算孔隙度与估算饱和度

核磁共振测井探测的是岩石孔隙中的流体。天然气水合物晶格中的水分子的横向弛豫时间 T_2 太短,接近岩石或沉积物骨架部分,无法被仪器直接探测。因此,核磁共振测井仪器在含天然气水合物储层测得的视孔隙度小于地层真实孔隙度。在采用测量地层总孔隙的测井方法时,利用其他独立方法(如岩心测量、密度或中子孔隙度测井)获得的真实总孔隙度与核磁共振测井资料联合求出天然气水合物孔隙度,进一步求出天然气水合物的饱和度,是常用的、有效的方法。

利用密度和核磁共振测井资料联合解释的方法,称为 DMR(Density-Magnetic Resonance)方法[64],原本用来在储层中存在天然气或轻烃时计算储层的孔隙度和含烃饱和度。

4.4.1.1 DMR 的数学描述

1998 年,Freedman 等在气藏评价中发现,由于热中子吸收作用,利用传统的密度—中子交会图识别气层往往不可靠,并针对这种情况提出了 DMR 方法。DMR 方法的数学描述由如下关系式构成[101]:

$$\phi_D = \frac{\rho_b - \rho_{ma}}{\rho_f - \rho_{ma}} \tag{4.63}$$

$$\phi_{DMR} = \frac{\phi_D\left(1 - \dfrac{I_{Hg}P_g}{I_{Hf}}\right) + \phi_{NMR}\dfrac{\lambda}{I_{Hf}}}{1 - \dfrac{I_{Hg}P_g}{I_{Hf}} + \lambda} \tag{4.64}$$

$$S_g = \frac{\phi_D - \phi_{NMR}\dfrac{1}{I_{Hf}}}{\phi_D\left(1 - \dfrac{I_{Hg}P_g}{I_{Hf}}\right) + \phi_{NMR}\dfrac{1}{I_{Hf}}} \tag{4.65}$$

$$\lambda = \frac{\rho_f - \rho_g}{\rho_{ma} - \rho_f} \tag{4.66}$$

$$P_g = 1 - \exp\left(-T_w / T_{1,g}\right) \tag{4.67}$$

式中　　ϕ_{DMR}——地层孔隙度；

ϕ_{NMR}——核磁共振总孔隙度；

ϕ_D——密度孔隙度；

I_{Hg}——天然气在储层条件下的含氢指数；

I_{Hf}——流体的含氢指数；

P_g——天然气的极化量；

T_w——CPMG 脉冲序列的等待时间；

$T_{1,g}$——储层条件下天然气的纵向弛豫时间；

ρ_b——储层条件下的地层密度；

ρ_{ma}——储层条件下的岩石骨架密度；

ρ_f——储层条件下的地层流体密度；

ρ_g——储层条件下的天然气密度；

S_g——冲洗带的天然气饱和度。

4.4.1.2　天然气水合物储层中的 DMR 方法

DMR 方法可以很容易修改用于计算天然气水合物储层的孔隙度和天然气水合物含量。根据 DMR 的数学描述，将天然气的三个参数 I_{Hg}、P_g 和 ρ_g 分别按照天然气水合物的对应性质进行替换，即 $I_{Hh}=0$、$P_h=0$ 和 ρ_h，得：

$$\phi_{DMRh} = \frac{\phi_D + \lambda' \dfrac{\phi_{NMR}}{I_{Hf}}}{1 + \lambda'} = \frac{1}{1+\lambda'}\phi_D + \frac{\lambda'}{1+\lambda'}\frac{\phi_{NMR}}{I_{Hf}} \tag{4.68}$$

$$S_h = \frac{\phi_D - \dfrac{\phi_{NMR}}{I_{Hf}}}{\phi_D + \lambda' \dfrac{\phi_{NMR}}{I_{Hf}}} \tag{4.69}$$

$$\lambda' = \frac{\rho_w - \rho_h}{\rho_{ma} - \rho_w} \tag{4.70}$$

第 4 章 天然气水合物储层参数的测井定量评价

天然气水合物储层的孔隙度 ϕ_{DMRh} 的表达式说明，ϕ_{DMRh} 是密度孔隙度 ϕ_D 与校正后的核磁共振孔隙度 $\dfrac{\phi_{NMR}}{I_{Hf}}$ 的加权和，整理得：

$$\phi_{DMRh} = \phi_D a + (1-a)\dfrac{\phi_{NMR}}{I_{Hf}} \tag{4.71}$$

$$a = \dfrac{1}{1+\lambda} = \dfrac{\rho_{ma} - \rho_f}{\rho_{ma} - \rho_h} \tag{4.72}$$

式（4.71）说明，天然气水合物储层的总孔隙度在测量得到的密度孔隙度和核磁共振孔隙度之间。此加权式方法简便，适用性强，主要潜在误差来自骨架密度测量不准确造成的密度孔隙度误差、视核磁共振孔隙度误差（$\phi_{NMR} < \phi S_w$），而不依赖于具体的地层模型和经验参数等不确定因素。因此，DMR 方法在 Mount Elbert 天然气水合物井的饱和度评价中被认为是估算天然气水合物饱和度最准确的方法，其计算结果作为验证其他计算方法的参考[76]。

根据不同天然气水合物储层情况选择骨架和孔隙介质密度值，DMR 方法可作为计算含天然气水合物的海洋沉积物储层（A 类和 D 类）总孔隙度的方法。图 4.25 中给出密度、中子和核磁共振孔隙度在含水、天然气和天然气水合物的纯净地层中的响应对比。

南海海槽的一口天然气水合物垂直井的测井曲线如图 4.26 所示。

第 1 道为自然伽马（GR）、井径（CAL）和钻头尺寸（BS）曲线。阴影表示井眼尺寸大于钻头直径，井眼扩径严重。

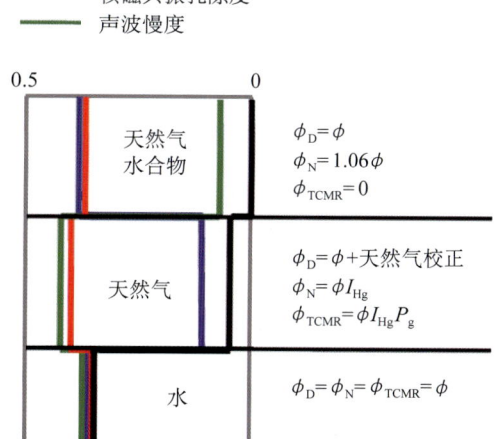

图 4.25 地层中的孔隙度测井响应[64, 102]

第 2 道包含深（R_t，点）、浅（R_{xo}，实线）电阻率，深浅电阻率差异较小，由深、浅电阻率的探测深度不同（分别为 60in 和 2in）可知天然气水合物未分解。井径较大的位层段，R_{xo} 受钻井液的影响，读数略低。R_t 和 R_{xo} 在含天然气水合物层段都显示出高电阻率，电阻率的高低起伏表明此层段为天然气水合物

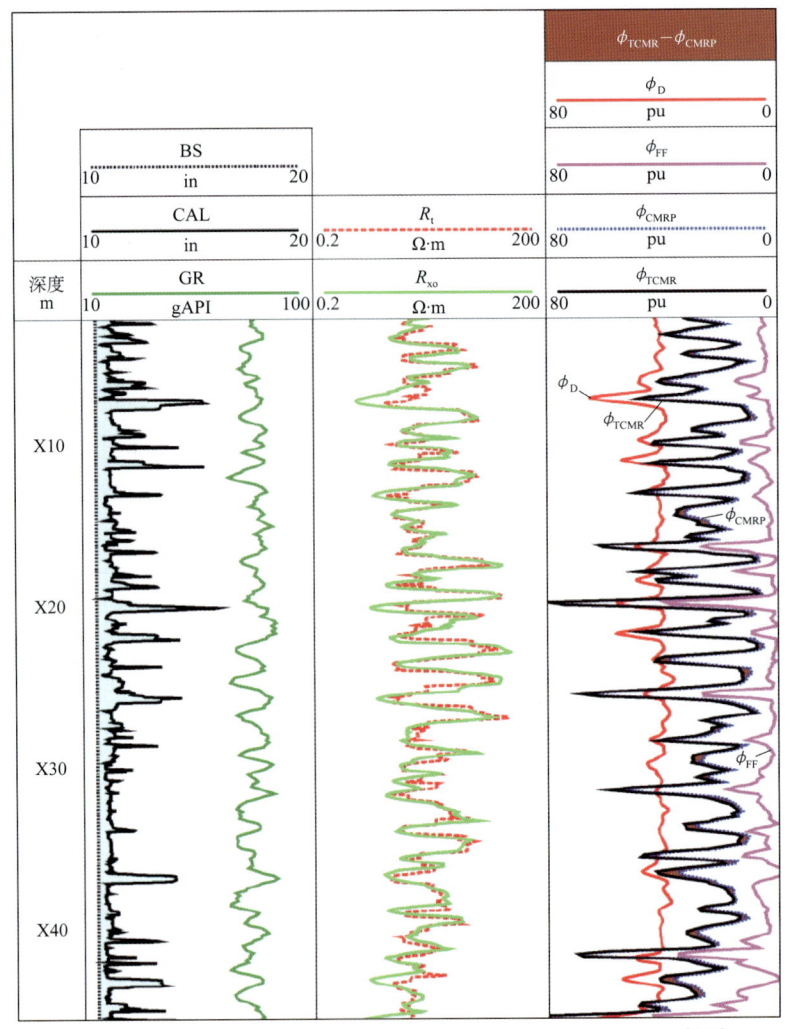

图 4.26 南海海槽某天然气水合物储层的测井结果[102]

和非天然气水合物的薄互层。

第 3 道包含密度孔隙度 ϕ_D、核磁共振有效孔隙度 ϕ_{TCMR}、CMR 束缚流体孔隙度 ϕ_{CMRP} 和 CMR 自由流体孔隙度 ϕ_{FF}。阴影代表 ϕ_{TCMR} 和 ϕ_{CMRP} 的差值（黏土束缚水）。黏土束缚水很少，可以忽略。

实际上，储层条件下的流体主要为地层水，其含氢指数（I_{Hw}）接近于 1；天然气水合物和水的密度也接近，因此常见如下简化形式的 S_h 计算式：

$$S_h = \frac{\phi_D - \phi_{NMR}}{\phi_D} \tag{4.73}$$

4.4.1.3 估算天然气水合物饱和度实例

（1）南海海槽。

DMR 方法在南海海槽某天然气水合物井的测井评价中有所应用。如图 4.27 所示，第 1 道为自然伽马（GR）、井径（CAL）和钻头尺寸（BS）曲线。阴影表示井眼尺寸大于钻头直径。第 2 道包含深（R_t）、浅（R_{xo}）电阻率。第 3 道包含中子孔隙度 ϕ_N、ϕ_D、ϕ_{TCMR} 和用 DMR 方法计算得到的孔隙度曲线 ϕ_{DMRP}。ϕ_N、ϕ_D 和 ϕ_{DMRP} 非常接近，由于密度测井仪和核磁共振测井仪器都为贴井壁型仪器，井眼不规则造成了高孔隙度的跳跃。天然气水合物对核磁测量结果没有贡献，天然气水合物层段的 ϕ_{TCMR} 异常低。ϕ_{TCMR} 同电阻率值一样不断高低起伏，说明天然气水合物为薄层。ϕ_{DMRP} 和 ϕ_{TCMR} 的差异（阴影）约等于天然气水合物孔隙度。第 4 道为电阻率和 DMR 方法得到的含水饱和度对比。CMR 曲线指示几乎不含黏土束缚水，因而使用了阿尔奇公式。输入曲线为 R_t 和 ϕ_D，

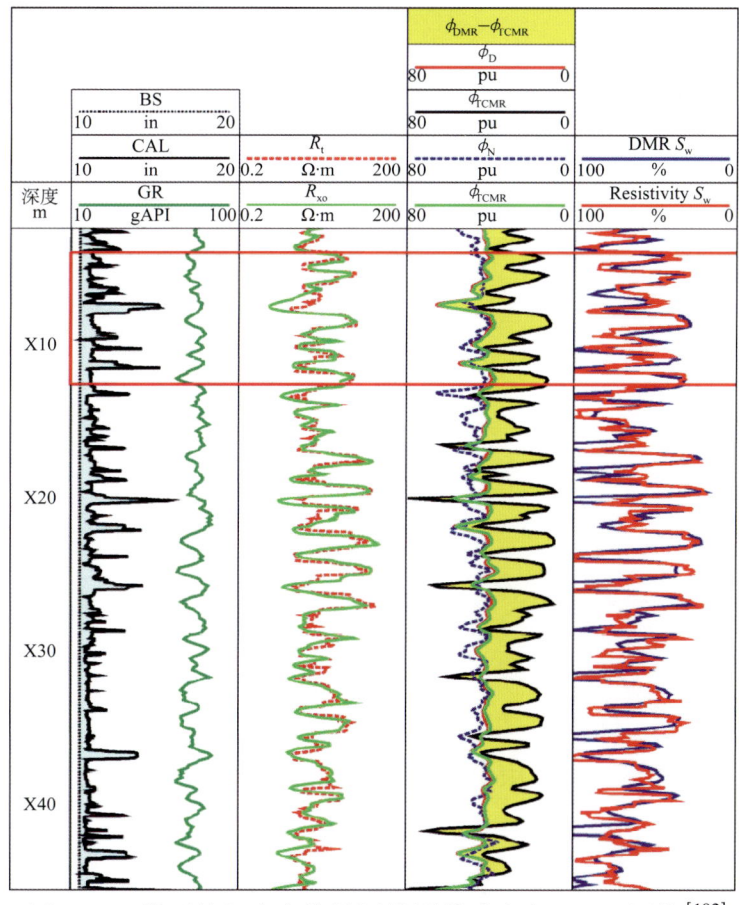

图 4.27　某天然气水合物储层的测井响应和 DMR 评价[102]

参数 a、m 和 n 分别为 1、2.15、2。根据天然气水合物下部的水层得到 R_w 为 $0.33\Omega \cdot m$。利用 DMR 方法计算天然气水合物饱和度不需要额外的调整参数。两条曲线对比发现,两种方法得到的结果都比较稳定,且较为相似。较差的井眼环境造成二者在少部分位置处存在差异。

为了理解这些差异,将图 4.27 中矩形标注的层段放大来进一步说明井眼不规则对测量结果的影响(图 4.28)。当数据质量较高并选择了正确的参数时,电阻率和 DMR 饱和度吻合。虚线部分的数据受到了井眼扩径的影响。

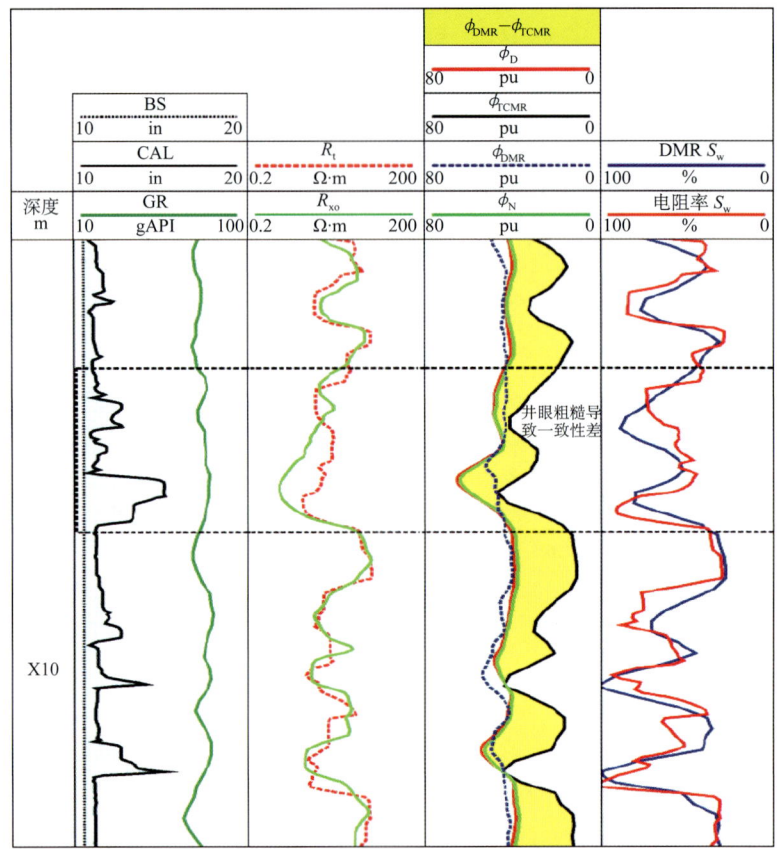

图 4.28　图 4.27 中红色方框中的数据结果[102]

当井眼没有被冲刷而发生扩径时,DMR 方法和电阻率方法得到的天然气水合物饱和度吻合很好,两种方法都较为准确。DMR 必须使用核磁共振总孔隙度,当核磁共振测量不能获得黏土束缚水信息时,DMR 会高估天然气水合物孔隙度。

(2) ODP204 航次。

ODP204 航次中 1245A 井、1246A 井和 1249A 井由式(4.73)根据常规密度孔隙度和核磁共振孔隙度资料计算得到的天然气水合物饱和度结果如图 4.29 所示。

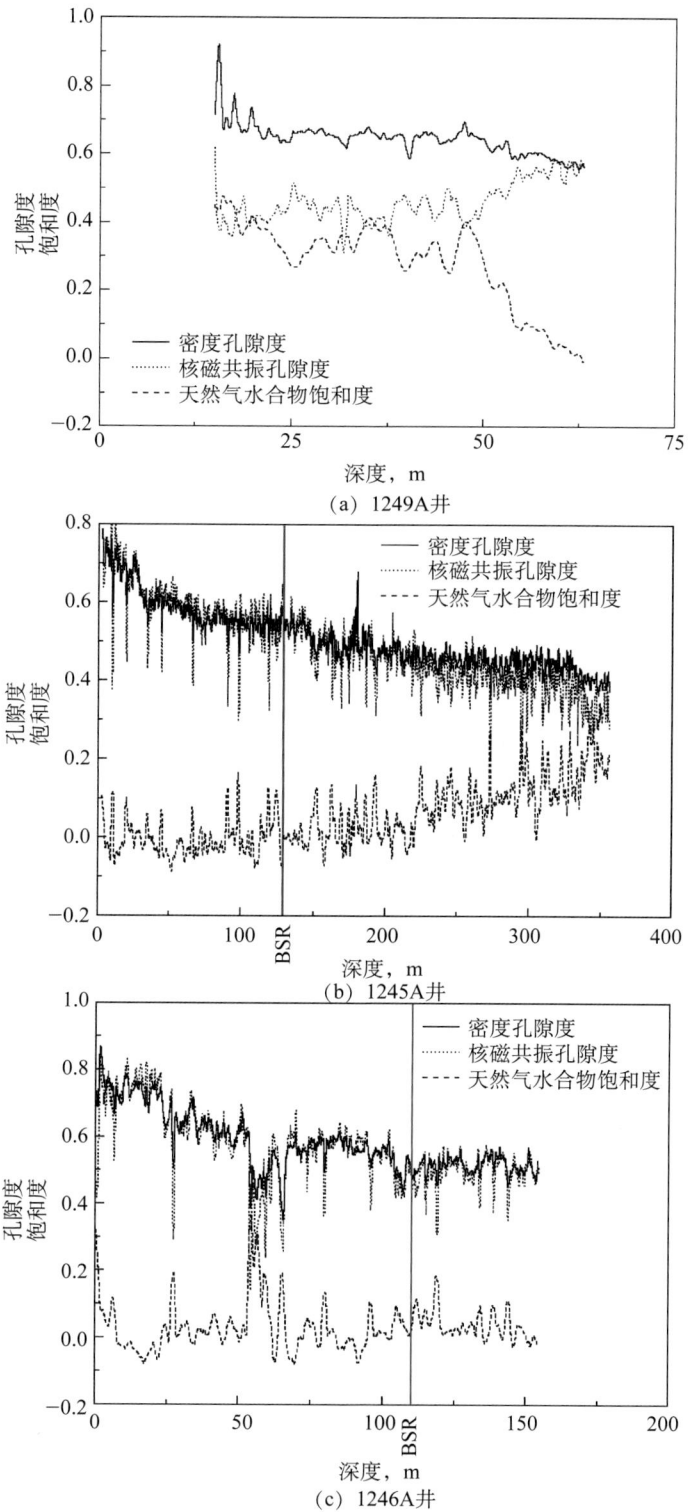

图 4.29 DMR 方法得到的天然气水合物饱和度[70]

以 1249A 井为例，在 BSR 以上的层位中，天然气水合物饱和度的大小范围是 −10%～50%，出现了错误的负值。在某些既不含天然气水合物也不含天然气的层段，此方法计算得到的天然气水合物饱和度范围约为 −10%～10%，说明核磁共振孔隙度存在一定误差。

对于核磁共振测井仪来说，天然气与天然气水合物具有类似的响应特征，二者都会造成核磁共振孔隙度的减小。理论上，在 BSR 下部不可能存在天然气水合物，但从计算结果中可以看到某些地层中出现了"视"天然气水合物层位。通过电阻率、密度、声波和中子测井数据的分析，确认了这些层位存在大量的游离天然气。因此，只有 BSR 之上的天然气水合物饱和度计算结果才具有参考价值。

虽然 204 航次的大多数井由核磁共振资料估算的 BSR 以上层段的天然气水合物饱和度达到了 20%～30%，但平均值小于由阿尔奇公式计算的结果。

（3）Mount Elbert 试验井。

DMR 方法在 Mount Elbert 天然气水合物试验井评价中也有应用。图 4.30 为天然气水合物层段（D 层段）的天然气水合物饱和度，同时给出了自由水和束缚水含量。结果显示，天然气水合物含量非常高，束缚水饱和度约为 20%。在这口井的天然气水合物评价工作中，DMR 方法由于不依赖经验参数、方法简便，得到的天然气水合物饱和度通常作为标准参考来评价其他方法的准确性。

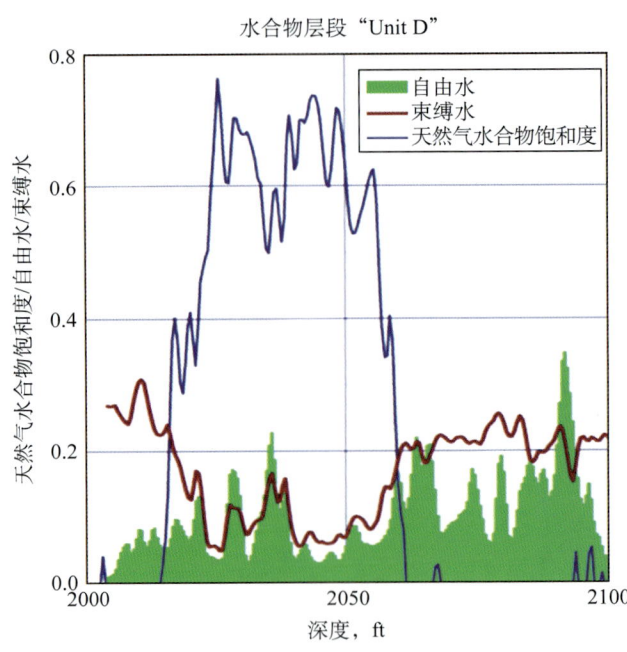

图 4.30　DMR 方法得到的 Mount Elbert 试验井（Unit D）的天然气水合物饱和度[76]

4.4.2 天然气水合物储层的孔径分布与生长特性估计

核磁共振测井具有能够确定岩石中含液态水的孔隙大小分布的独特能力。如果已知地层在不含天然气水合物情况下的孔隙分布，与饱和（或部分含有）天然气水合物情况下的核磁共振测量结果进行对比，就能获得天然气水合物在孔隙中的赋存或生长特性的信息。

对于低场条件下的大多数亲水砂岩来说，当岩石被水完全饱和时，表面弛豫将起主要作用，体积弛豫和扩散弛豫可以相对忽略不计[103]。这样一来，单一孔隙的 T_2 值与孔隙的比表面积成正比，T_2 值就是孔隙尺寸的度量，观测到的所有孔隙的 T_2 分布就代表着岩石的孔径分布[71]（详见 3.4.1 节）。

连通的管状孔隙结构模型为一种常用的孔隙模型，这种情况下有 $S/V=2/r$ 成立，进而有 $r \approx 2\rho_2 T_2$。虽然这种由弛豫时间到孔隙尺寸的转换方法并不十分严格，但却被广泛采用。

天然气水合物在孔隙中生长特性的预测模型有四种（图 4.31）：（1）生长于孔隙中间，不与骨架接触 [图 4.31（a）]；（2）生长于孔隙中间，起一定的骨架支撑作用 [图 4.31（b）]；（3）包裹岩石颗粒生长，起胶结作用 [图 4.31（c）]；（4）仅形成于颗粒的连接处，起胶结作用 [图 4.31（d）] [104, 105]。

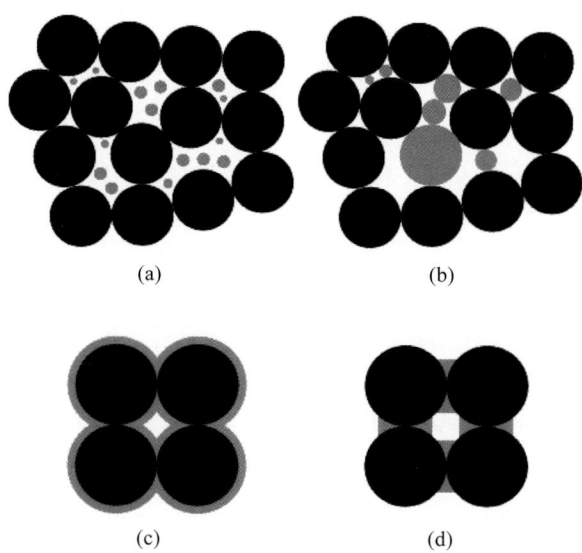

图 4.31　天然气水合物（灰色）在孔隙颗粒（黑色）中的分布模型[105]

若天然气水合物优先生长于大孔隙中，天然气水合物的核磁共振测量结果将显示为核磁共振孔隙度降低，孔径分布谱中的大孔隙部分信号减少；若天然气水合物优先生长于小孔隙（高比表面），核磁共振孔隙度降低，孔径分布谱中的小孔隙部分信号减少。

天然气水合物对表面弛豫的影响机制至今还并不明确。如果天然气水合物优先生长于颗粒表面，少量的天然气水合物就足以覆盖颗粒表面，并改变岩石的表面弛豫率（ρ_2）。

为了说明存在大量的甲烷气体时岩石孔隙中水的重新分布状态，将实验室测量的饱含水的天然砂岩岩样的 T_2 分布（图 4.32 中的实线）与同一块岩心充甲烷气后在海底环境下（2500m 深）利用核磁共振测井仪（CMR）测量得到的 T_2 分布（点线）对比[106]。体积分析显示，后者含有约 13% 的甲烷气体和 2% 的天然气水合物。上部的横轴为假设孔隙结构为连通管状模型时对应的孔径大小刻度（ρ_2=11μm/s）。虽然甲烷气对核磁共振总孔隙度有贡献，但不在图 4.32 中的 T_2 范围之内，其中不含甲烷信号。

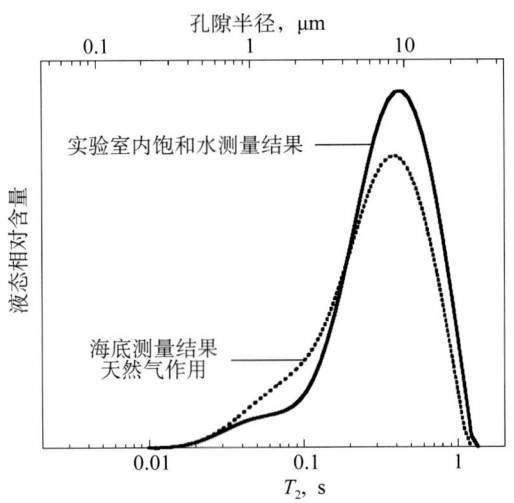

图 4.32　砂岩岩心饱和水（实线）与含天然气（点线）时的 T_2 分布[106]

与实验室的测量结果相比，海底环境下的长 T_2 组分幅度有所降低，说明甲烷气取代了大孔隙中的水。气水界面较强的毛管力阻止了甲烷气进入小孔隙中，气泡倾向赋存于大孔隙的中心。甲烷气的存在导致 T_2 < 200ms 的小孔隙信号有所增加，这种现象在天然气储层的核磁共振测井 T_2 谱中常见，原因是一种非润湿相的流体占据大孔隙后，孔隙水仍然包裹在孔隙壁之上。这种"衬套"型的

孔隙水的比表面积要大于完全含水孔隙的情况，同时具有更快的表面弛豫。

图 4.33 为某砂岩岩心充有足够的甲烷气体后，在大洋海底的天然气水合物稳定带中利用自然环境生成天然气水合物后的核磁共振测量结果。天然气水合物和天然气含量分别为 25% 和 3%。核磁共振测井仪无法直接探测到天然气水合物，测量结果直观地展现出液态水占据的孔隙结构信息。孔隙中部分含有天然气水合物时，大孔隙的信号有所降低，说明天然气水合物主要生成于大孔隙中，而非包裹在颗粒表面。

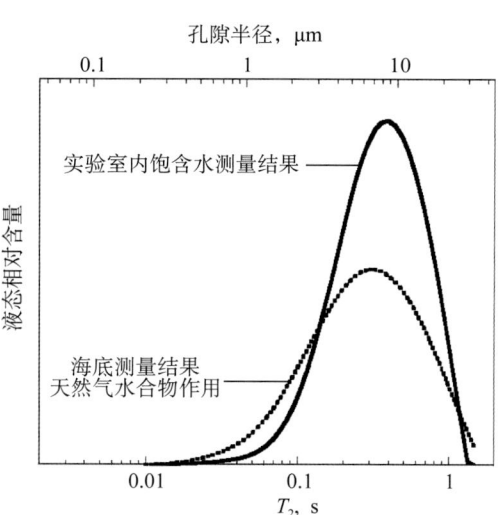

图 4.33 砂岩岩心饱含水（实线）与含天然气水合物（点线）时的 T_2 分布[100]

4.4.3 天然气水合物储层的束缚水饱和度评价

核磁共振测井能提供丰富的天然气水合物储层信息。快速准确地计算束缚水饱和度就是其优势之一，也是其最早的应用之一。

利用核磁共振 T_2 谱确定束缚水饱和度有两种方法[71]。

第一种称为 BVI 截止值法（CBVI），即确定一个固定的 T_2 截止值（$T_{2\text{cutoff}}$）将 T_2 分为两部分，一部分孔隙含束缚流体，另一部分为不可动流体。这种方法认为束缚流体驻留在小孔隙之中，而可动流体则驻留在大孔隙之中。这一假设基于如下事实：孔隙喉道尺寸与孔隙尺寸相关，由于 T_2 值是与孔隙尺寸相关的，因此可以选择一个 T_2 值，小于此值对应的流体驻留在小孔隙之中且不可产出。T_2 截止值不但受岩性影响，同时也受其他因素的影响，如孔壁化学性质、少数顺磁物质或铁磁物质、结构、孔喉与孔隙的比值等。孔隙中天然气水合物的出现对孔壁的化学性质、孔隙结构等均有较大改变。

在天然气水合物为固态的情况下建立的模型与上述方法的假设并不违背，因此根据实验室岩样的测量、采用本地缺省的经验 T_2 截止值两种方法确定 T_2 截止值。对应于岩样核磁共振 T_2 谱曲线，核磁共振束缚水饱和度等于 T_2 谱中小于 T_2 截止值不可动峰下包面积与整个 T_2 谱下包面积之比，即谱面积比值法。

第二种方法称为谱系数法（SBVI），它基于在给定的孔隙中既含有束缚流体又含有可动流体。弛豫时间的每一项都包含了束缚水的贡献，只是弛豫时间的大小不同，其对应孔隙中的束缚水含量不一样。这样只要确定每个弛豫时间项中束缚水所占的比例，给出各个 T_2 项的束缚水权系数 $W(T_2, i)$ （$0 \leqslant W \leqslant 1$ 界定了与各种孔隙尺寸有关的束缚水的百分数），就可按以下公式计算岩样的束缚水饱和度 S_{wi}：

$$S_{wi} = \sum_i W_i T_{2i} \tag{4.74}$$

$$W_i = 1/(mT_{2i} + b) \tag{4.75}$$

SBVI 方法的关键是权系数的确定，最好的方法是测井井段岩心的测量。

图 4.34 为 Mallik 5L-38 井 900～930m 层段利用密度孔隙度作为总孔隙度，结合核磁共振测井孔隙度计算得到的地层含天然气水合物饱和度。第二道为天然气水合物层段饱和度，由该层段的密度测井计算出的总孔隙度与核磁共振测井视孔隙度之差得到。同时，核磁共振测井还得到了毛管束缚水、黏土束缚水和自由水信息。

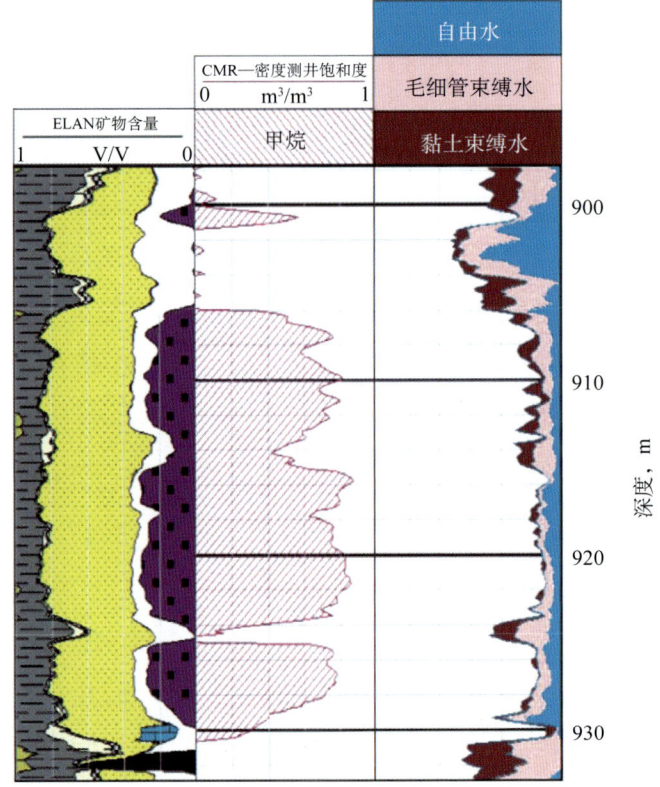

图 4.34 DMR 方法显示 Mallik 5L-38 井的天然气水合物层段 (900～930m)[13]

4.4.4 天然气水合物储层的渗透率估算

天然气水合物资源储量巨大，开采的经济性在很大程度上取决于可采储量和开发成本。目前，已经提出的天然气水合物的生产方法主要有四种：注热开采法、降压法、化学抑制剂法和 CO_2 置换法。天然气水合物藏的开采效率依赖于储层的渗透率，而孔隙介质的渗透率受孔隙尺寸和连通性的影响最大。随着生产过程中的天然气水合物的分解，孔隙尺寸和连通性都将发生较大改变，储层渗透率会产生明显变化。

传统的油气藏系统中，渗透率是最重要的储层参数之一，发展了很多技术。原位状态下的渗透率的估算一直具有很大的挑战性。测井中通常计算绝对渗透率。绝对渗透率是岩石孔隙中只有一种流体时测量的渗透率，用符号 K 表示，它是岩石本身的孔隙特性决定的岩石渗透能力。

实验室岩心测量是测定渗透率最直接的方法，但实验室内的岩心很难保持原位状态下的温度和压力条件。天然气水合物储层通常较为松散，岩心的原始完整性也较难保证。根据岩心测量值对地区经验公式、地层压力测试器和核磁共振测井等测量数据进行刻度是间接的方法，可以获得连续的渗透率曲线，例如根据核磁共振测井 T_2 分布估算储层渗透率。

固态天然气水合物本身几乎没有渗透性，储层原始渗透率属于非天然气水合物孔隙部分的贡献，因此天然气水合物饱和度是影响储层渗透率的关键因素。对海洋和永久冻土带中的天然气水合物的生长特性研究发现，天然气水合物主要生长在孔隙中，而不是包裹在颗粒表面，孔隙表面仍然是水润湿相的。这与水润湿相的油气储层的情况相同，有利于用石油工业中原有的地球物理测井方法估算天然气水合物储层渗透率。

核磁共振测井的渗透率估算方法是基于实验和理论模型得到的。这些模型或关系式中的其他因素保持不变时，渗透率随连通孔隙度的增加而增大。从岩石物理应用的实际考虑，可认为渗透率与孔隙喉道尺寸的平方成正比。核磁共振测量的孔隙度尺寸与孔喉尺寸有很强的相关性。核磁共振渗透率模型的常用表达式中，渗透率都是 ϕ^4 的函数。Kozeny 关系式指出，渗透率与岩石孔隙比表面的平方成反比关系。根据核磁共振表面弛豫时间的表达式，可推导出渗透率与弛豫时间的平方成正比[74]。

基于上述关系的 Kenyon 渗透率模型是石油工业中常用的、广泛接受的经验关系式[56]。该模型的建立源自数千块饱和水的砂岩岩心的测量结果，用于天然气水合物储层的渗透率估算。

Kenyon 关系式中，渗透率 K（单位：mD）由下式决定：

$$K = C\phi^4 T_{2LM}^2 \tag{4.76}$$

式中　ϕ——孔隙度；

T_{2LM}——T_2 的对数平均值，$10^{\frac{1}{\phi}\sum_i m(T_{2i} \lg T_{2i})}$，ms；

C——岩性相关的常数。

对于天然气水合物来说，C 有一定的不确定性，因为 C 取决于表面弛豫率（ρ_2），每种固液体界面的 ρ_2 都不同。Kleinberg 等认为，天然气水合物与水接触面的 ρ_2 比砂岩与水的界面小一个数量级[106]，并使用 $C=4000D/s^2$ 估算含天然气水合物的砂岩储层的渗透率。C 值是根据大量饱和水的纯净和泥质砂岩的测量结果得到的典型值[103]。

图 4.35 为南海海槽中某天然气水合物层段的测井实例。第 1 道包含井径、钻头尺寸和自然伽马；第 2 道为核磁共振测井数据按照 Kenyon 关系式得到的渗透率；第 3 道为电阻率；第 4 道为储层密度和核磁共振孔隙度，密度孔隙度和核磁共振孔隙度的差异近似等于天然气水合物饱和度。此层段天然气水合物饱和度高达 80%，占据了可动流体的孔隙空间，核磁共振测井得到的渗透率低到 0.01mD，低于非天然气水合物储层。

Kenyon 关系式计算得到的地层渗透率准确地说是地层水的绝对渗透率，由于天然气水合物对岩石表面弛豫的影响并不是非常确定，参数 C 的选取经验性较强。相对渗透率指地层孔隙中存在两种（或以上）流体时单相流体的渗透率，数值上等于该相流体的有效渗透率与岩石绝对渗透率的比值。在含有油、水和（或）气的储层岩石中，每种流体都有自己的相对渗透率，并且很大程度上依赖于该流体的饱和度。

当孔隙中含有部分天然气水合物时，可以用下式描述该地层中的水的相对渗透率：

$$K_{rw} = \frac{K(S_w)}{K_0} \tag{4.77}$$

第4章 天然气水合物储层参数的测井定量评价

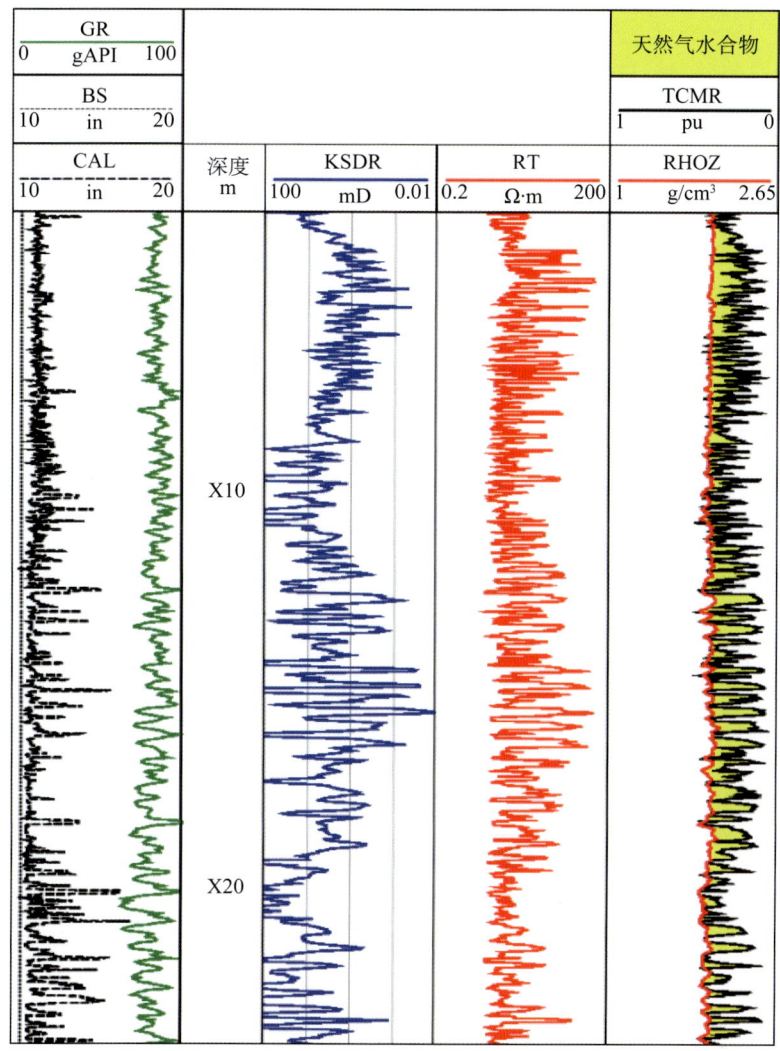

图 4.35 南海海槽的天然气水合物井段测井结果[56]

式中 K_0——完全饱和水时的地层渗透率；

$K(S_w)$——含水饱和度为 S_w、其他孔隙被天然气水合物完全填充时的地层渗透率。

计算相对渗透率需要较为复杂的测量手段，即在岩石完全饱和水和部分饱和水时进行多次测量，比如在天然气水合物储层（岩心）形成或溶解的过程中进行一系列的核磁共振测量，或者在天然气水合物稳定带上下的地层均匀的情况下分别进行核磁共振测井。计算中需要的含水饱和度由下式计算[103]：

$$S_w = \frac{\phi_{NMR}(S_w)}{\phi_{NMR}(S_w=1)} \qquad (4.78)$$

式中　$\phi_{\text{NMR}}(S_w)$——部分饱和水时的视核磁共振孔隙度；

$\phi_{\text{NMR}}(S_w=1)$——完全饱和水时的视核磁共振孔隙度。

联合核磁共振渗透率表达式，可得由核磁共振测井资料得到的相对渗透率为：

$$K_{rw} = \frac{K(S_w)}{K_0} = S_w^4 \left[\frac{T_{2LM}(S_w)}{T_{2LM}(1.0)} \right]^2 \tag{4.79}$$

核磁共振相对渗透率表达式中不含参数 C，消除了天然气水合物对表面弛豫的影响的不确定性。

需要指出的是，利用核磁共振测井资料计算天然气水合物饱和度存在一定的局限性。相对渗透率的计算方法基于经验公式，而不是流体流动性的测量，方法假设当地层中存在天然气水合物时与完全饱和水时，这种经验关系同样成立，水在含天然气水合物储层的孔隙中的不同分布状态也不影响这种关系。

4.4.5　基于核磁共振分析的天然气水合物储层描述模型

核磁共振作为分子水平的测试分析方法，有以下优势：

（1）是液体、固体及"气–液–固界面"分析的有力工具；

（2）是研究孔隙介质的有力工具，可对孔隙介质吸附机理、多孔介质结构进行准确描述；

（3）具有波谱、弛豫、成像和定域谱等多种手段，可从微观、宏观多个层次进行观测，特别适合于天然气水合物研究。

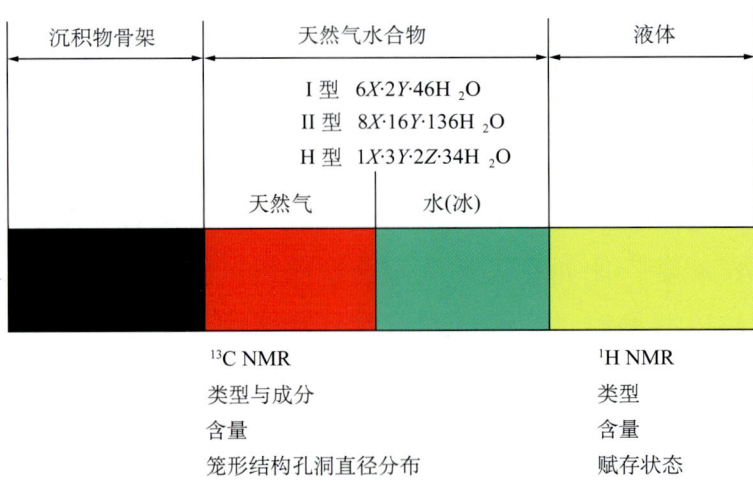

图 4.36　基于核磁共振分析的天然气水合物储层描述模型

天然气水合物被称为一种潜在的能源,主要是因为其蕴含的碳氢能源。^{13}C 和 ^{1}H 是核磁共振分析的主要研究对象,有着成熟的分析方法。基于 ^{13}C 和 ^{1}H 的核磁共振分析技术,可建立天然气水合物储层的描述模型,如图 4.36 所示。

根据这种描述模型,对于岩石孔隙中的各种组分,主要利用 ^{1}H 核磁共振弛豫与显微成像技术,观测和分析模型孔隙中液体部分(水、油、游离气)的不同状态(自由的或束缚的)和液体充填孔隙的孔径分布,观测、识别和评价液体的成分、含量及赋存状态;对于模型中的天然气水合物部分,以 ^{13}C 的 NMR 波谱和弛豫为主要手段,观测和分析水合物中天然气的成分与含量、天然气水合物孔洞的直径分布,并观测、识别和评价水合物的类型、含量和水合指数等重要信息。

第5章 天然气水合物储层测井评价流程

5.1 概 述

天然气水合物的存在依赖于低温、高压条件，这种条件使天然气水合物藏较常规油气储藏来说所含组分更为复杂。为避免测井解释的多解性，确定储层温度和压力条件，确定地层孔隙中的组分，根据不同地层模型选取适用于具体条件的测井方法和评价方法就非常重要。地球物理方法在天然气水合物储层评价中的作用如表5.1所示。应当按照地质情况和井眼条件选用一套经济适用的测井资料综合解释方法，即选择测井系列，有以下几点需要认真考虑。

表5.1 地球物理测井方法在天然气水合物储层评价的应用

测井方法	应 用	测量原理
电阻率	储层孔隙度 天然气水合物饱和度	测量地层的电导率和电阻率
声波时差	储层孔隙度 天然气水合物饱和度	测量声波在地层中的传播速度
中子孔隙度	储层孔隙度	测量地层中的含氢量
密度	储层孔隙度	测量地层的电子密度
中子能谱	天然气水合物饱和度	测量地层骨架和孔隙中碳、氧、氢、硅、钙等元素的含量
介电测井	储层孔隙度 天然气水合物饱和度	测量高频电磁波在地层中的传播速度和幅度衰减
核磁共振测井	储层孔隙度 天然气水合物饱和度渗透率	测量地层流体中的含氢量

5.1.1 测井仪器的分辨率

按照天然气水合物的岩石物理响应，天然气水合物储层通常划分成三种尺度类型[5]：

（1）微尺度：孔隙尺度，覆盖孔隙成像（0.1～100μm）至岩心分析（30mm）的范围。天然气水合物能以四种确定的模式在孔隙网络中生长：颗粒间的连接处（连接胶结模式）；均匀盖覆于岩石颗粒（颗粒盖覆模式）；作为连接矿物颗粒之间的结构（骨架支撑模式）；填充于自由孔隙中（孔隙填充模式）。尽管天然气水合物在沉积物中的分布看起来相当地均匀，但天然气水合物的生长机制对于岩石物理性质来说有非常大的影响，如颗粒盖覆模式可以改变岩石的润湿相，天然气水合物与沉积物中形成很薄的交互层或填充在裂缝之中，都会影响测井响应结果。

（2）中等尺度：全尺寸岩心测量尺度（接近300mm）。虽然此尺度低于许多测井方法的分辨率，经环境校正后仍无法获得真实地层参数，但仍可能应用视地层参数进行识别和评价。

（3）大尺度：下限为常规测井方法的最大分辨率，选取的测井仪器以能分辨天然气水合物层段为优。储层尺度类型越小，利用测井方法进行识别和解释的难度越大。如果仪器纵向分辨率不够，则应寻求组合方案，如岩心分析和电成像测井等。

5.1.2 天然气水合物的产出相

根据本地的地层温度、压力等条件，建立天然气水合物纵向分布图表，估计储层深度范围；尽可能多地在地区井眼收集钻井取心、井壁取心、地层测试和各种录井资料，选择比较切合实际的解释模型和解释参数；充分调研，准备包含岩石骨架、泥质孔隙填充物等天然气水合物产出系统中的物质岩石物理性质表。如果在永久冻土带，非常重要的一点是要确定天然气水合物储层在永久冰冻带的上部还是下部。

5.1.3 井眼状况

天然气水合物储层的测井评价中，井径曲线作为评价井眼规则程度和测井（尤其是浅探测仪器）资料的质量控制显得异常重要。当井眼横断面呈圆形，每个方位上井壁扩径不超过2.5cm时，可认为井眼状况良好，可以使用所有孔隙度测井仪器；井眼条件不好时，要选择声速测井。天然气水合物储层中的扩径现象通常是天然气水合物的分解造成的，使此范围内的组分变得复杂，中子测井孔隙度测量应使用补偿中子测井仪，以消除井眼扩径影响。

根据测井资料定性和定量地评价天然气水合物层段，尽量使用随钻测井数据；取心最好使用专用保压取心或保温保压取心装置。天然气水合物钻井作业中使用随钻测井具有如下关键优势：

（1）在不稳定的海洋井孔中采集高质量的测井数据；

（2）整个钻井段均能采集数据，尤其是在十分靠近海底的浅层；

（3）在钻井的过程中（或钻后立即）测量，减小井下温度和压力条件改变的概率，能保证获得原位状态下的地层信息；

（4）深度维上连续地采集数据，对非100%取心的分析结果进行校正。

ODP的随钻测井结果与电缆测井及岩心分析结果的比较显示，随钻测井结果更加稳定，电缆测井和岩心分析结果跳动相对较大[107]。

天然气水合物储层参数的定量评价方法中，除了各种电阻率测井，其他各种测井方法都按照探测特性分别建立了等效岩石物理体积模型。通过考虑天然气水合物的贡献，对假设的四种地层模型的测井响应进行更准确的描述。随着天然气水合物项（S_h）的引入，增加了响应方程中需要求解的未知数的个数。这时，定量求解地层孔隙度和天然气水合物饱和度通常有两个途径：

（1）校正。根据本地区情况，通过响应方程事先建立校正图版或校正参数，然后利用常规解释方法求解地层参数，根据图版进行天然气水合物校正得到校正值。

（2）联合求解。综合两种或两种以上测井方法，联立多组分响应方程组，同时求得地层孔隙度和天然气水合物饱和度两个参数。

地球物理测井资料求取天然气水合物储层的地球物理参数，其结果的可靠性依赖于测井资料的质量、储层物理性质关系式（响应方程）的准确程度、天然气水合物之外的组分的性质参数、原位地层的条件。当多种方法的计算结果存在差异时，应从这四方面入手检查。

5.2　A类储层与D类储层

A类储层代表了典型的大洋海底含丰富水时和陆上永久冻土带含冰层之下的

天然气水合物沉积物地层结构；D类储层代表不含泥质的纯地层情况，为A类储层的简化。这两种储层类型相似，是目前地球物理测井储层评价时研究较多的重要储层类型，都假设所有的天然气都处于水合物中，孔隙中除了固态天然气水合物之外充满流体水，孔隙中不含自由气体（图4.1）。

5.2.1 孔隙度的计算流程

天然气水合物储层的孔隙度可采用常规密度测井、中子孔隙度和深电阻率数据分别计算。

地层模型中不含泥质的（D类）储层孔隙度的计算流程图和计算公式中所需参数的获取方法见图5.1。

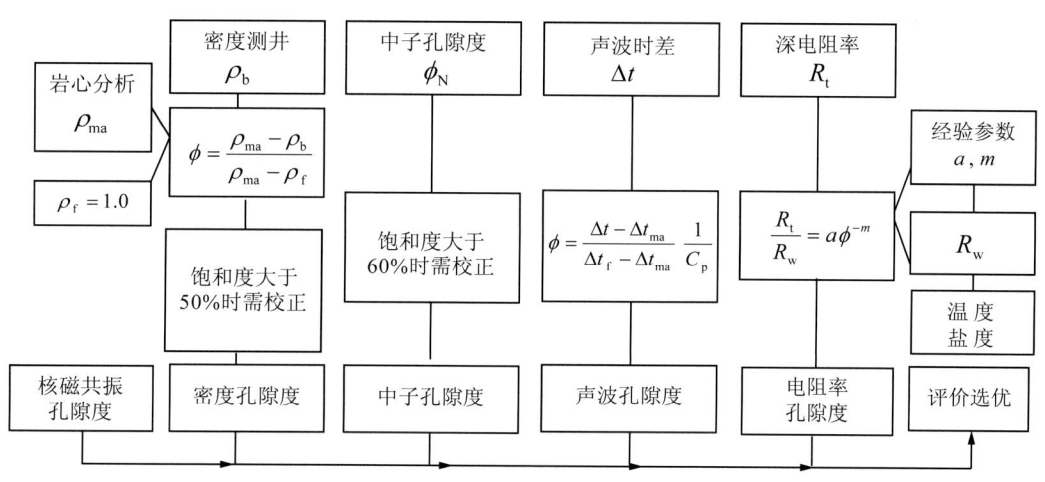

图5.1 天然气水合物储层孔隙度测井分析流程图（A类和D类）

钻井改变井眼附近地层的温度和压力，导致天然气水合物的溶解，常常使井眼扩张，导致密度数据不准确，应首先根据井径资料对密度测井数据进行校正。中子孔隙度为仪器直接测量经刻度后获得。电阻率孔隙度应使用深电阻率数据，根据阿尔奇公式计算。最后对各种孔隙度进行评价对比，选择最优孔隙度结果。

5.2.2 饱和度的估算流程

阿尔奇公式建立了含水砂岩地层电阻率和含水饱和度之间的关系，利用电阻率资料评价A类储层与D类储层类天然气水合物底层的饱和度时，使用快速直观公式与标准阿尔奇公式分别计算地层含天然气水合物饱和度，对比选择最优的饱和度，具体流程如图5.2所示。

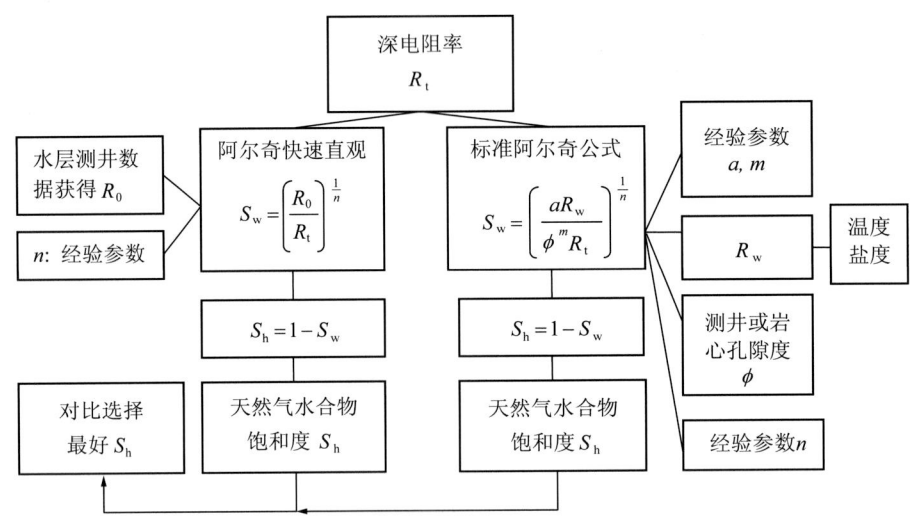

图5.2　利用深电阻率计算纯地层（D类）的天然气水合物饱和度

阿尔奇公式的计算方法适用于只包含非导电性岩石骨架的非泥质储层。如果岩石中含有泥质，将大大影响解释的正确性。含泥质地层的电阻率测井解释方法可使用Simandoux公式与Indonesian公式解析法以及Waxman-Smits模型解析法，具体流程如图5.3所示。

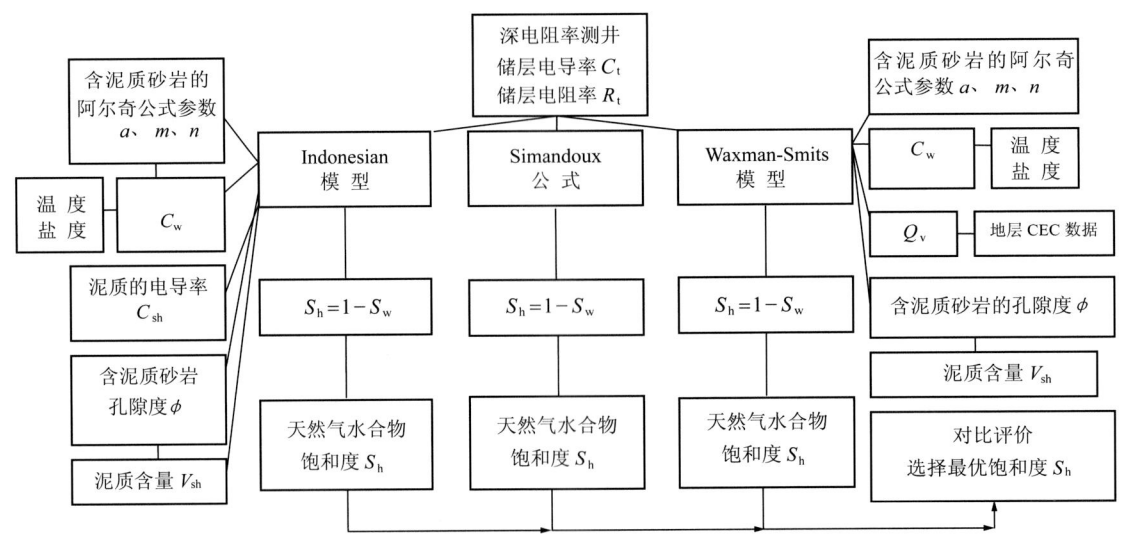

图5.3　利用深电阻率计算含泥质储层的天然气水合物饱和度

利用纵波波速测井资料评价天然气水合物饱和度，主要利用 Timur 方程、Wood 修正方程和 Lee 多组分方程。由于这三种方法适用于储层的地质条件，在评价过程中应根据本地地质资料确定地层压实和固化特性选择对应的方程，才能获得较好结果。与 Timur 方程和 Wood 方程不同，通过选取不同的权重指数 W 和天然气水合物储层胶结指数 r，Lee 方程可以应用在不同胶结程度或者不同天然气水合物含量的储层。选取与声速孔隙度资料对应最好的 W 和 r 值对正确评价声波饱和度至关重要，具体流程如图 5.4 所示。

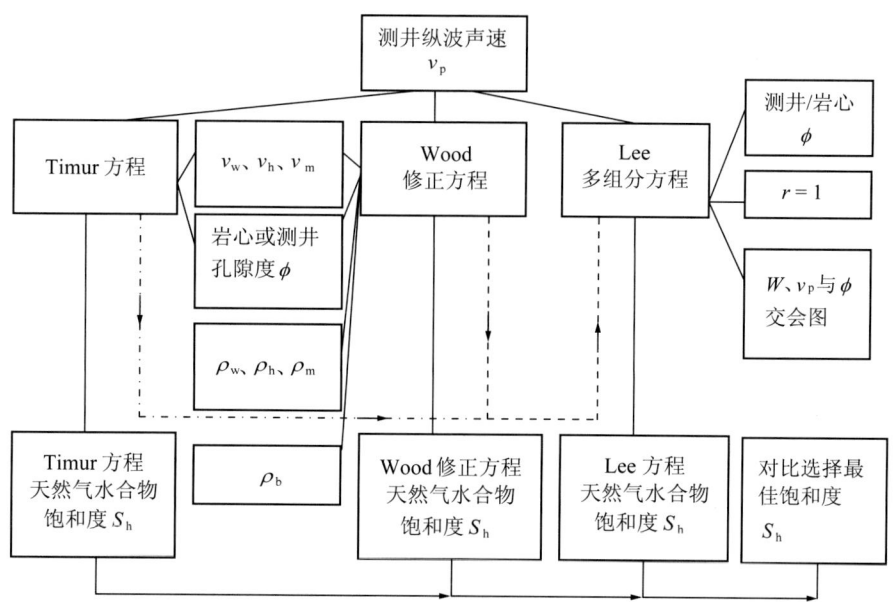

图 5.4　利用纵波声速测井资料计算储层的天然气水合物饱和度

DMR 方法计算 A 类储层与 D 类储层的饱和度流程如图 5.5 所示。

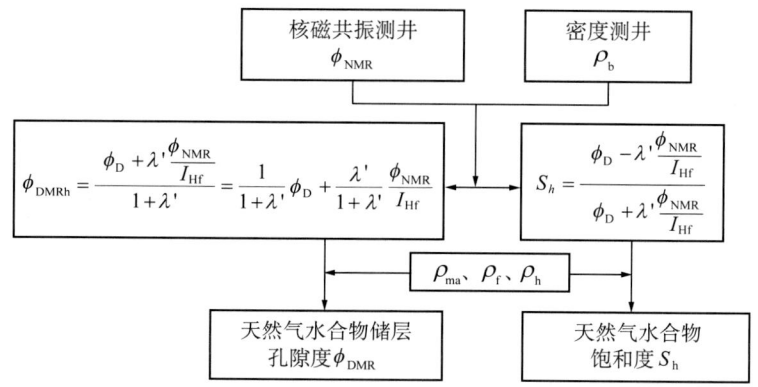

图 5.5　利用 DMR 方法计算储层孔隙度和天然气水合物饱和度

碳氧比能谱测井提供了一种定量评价地层中含天然气水合物饱和度的方法，A 类储层与 D 类储层类型使用碳氧比能谱测井计算天然气水合物饱和度的流程和参数的方法如图 5.6 所示。

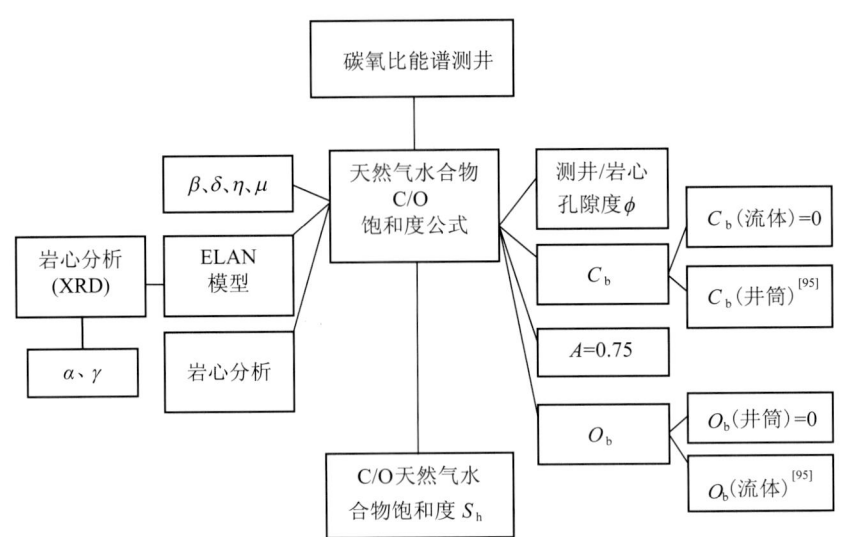

图 5.6　利用碳氧元素比测井资料计算天然气水合物饱和度

5.3　B 类储层

5.3.1　孔隙度的计算流程

B 类储层代表陆上永久冻土带中冰层之上的天然气水合物沉积物地层结构。B 模型中不含自由气体，假设所有的天然气都在水合物中，这一点与 A 类储层和 D 类储层相同；不同之处在于孔隙中的水处于液态还是冰冻固态。固态的冰和天然气水合物都是弱导电介质，阿尔奇公式建立的孔隙度、含水饱和度与电阻率之间的关系不再适用，利用电阻率资料使用阿尔奇公式计算 B 类储层的孔隙度和含天然气水合物饱和度的结果不准确；由于不含流体，核磁共振测井也不再适用。这时可使用常规密度测井、中子测井分别计算密度孔隙度、中子孔隙度，然后对比评价选优。图 5.7 为地层中 B 类储层孔隙度的计算流程图和所需参数的获取方法。

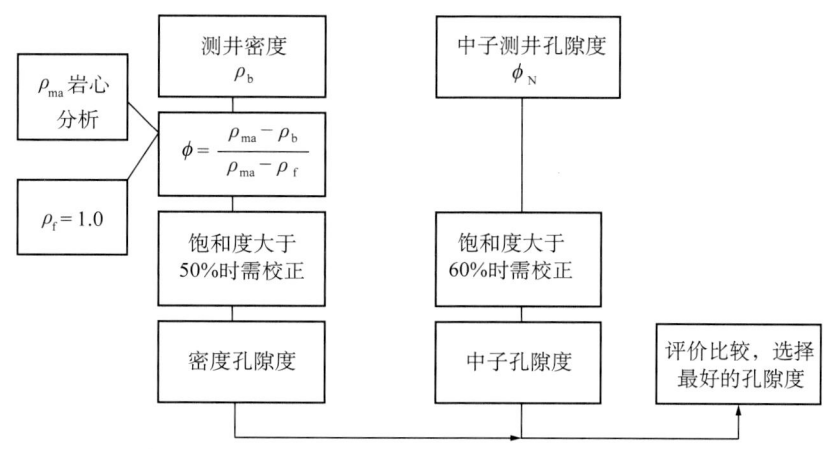

图 5.7 天然气水合物储层孔隙度测井分析流程图（B 类）

5.3.2 饱和度的估算流程

B 类储层天然气水合物的饱和度估算与 A 类储层和 D 类储层不同，常用的模型孔隙中含有流体的测井评价方法基本失效：不能利用电阻率资料使用快速直观公式与标准阿尔奇公式通过先计算 S_w，再使用 $S_h=1-S_w$ 计算 S_h；B 类储层中孔隙中呈固态的冰无法被核磁共振测井仪器直接测量，核磁共振测井总孔隙度中不会包含冰组分的孔隙度信息；在 B 类储层类的天然气水合物层段，核磁共振测井仪器只能测得束缚水部分的信号，使用真实总孔隙度与核磁共振总孔隙度的联合评价（DMR）饱和度方法不能得到准确结果。

对于这类含天然气水合物储层的饱和度评价工作，目前可使用受模型中水的固液态性质影响较小的两种方法：

（1）利用纵波波速测井资料评价天然气水合物饱和度，主要利用 Timur 方程、Wood 修正方程和 Lee 多组分方程；

（2）使用碳氧比能谱测井资料定量评价地层中含天然气水合物饱和度。

特别需要指出的是，天然气水合物和天然气在很多种测井曲线上响应特征的相似，导致天然气水合物和天然气同时存在时储层识别变得更困难。首先，这类含气储层的识别除了依靠上述常规测井，以及电成像测井、声成像测井和核磁共振测井曲线和图像上的特征之外，还应特别注意地层含气引起的曲线异常，进行综合识别。常规测井直观显示气层的技术有：

（1）声波测井：天然气使声速降低，声幅明显衰减，测井声波时差明显变大或者出现"周波跳跃"。

(2) 密度测井：天然气密度明显低于其他组分密度，表现在密度测井曲线上 ρ_b 下降，而 ϕ_D 上升。

(3) 中子测井：天然气使中子测井读数 ϕ_N 下降，"挖掘效应"明显时甚至可能出现负值。

(4) 中子伽马测井：天然气使中子伽马读数增高。

5.4　C 类储层

C 类储层假设所有的可动水都在天然气水合物中，孔隙中还含有自由天然气。由于 C 类储层还未发现，二者在测井曲线上的综合反映还没有实际的测井资料进行研究，只作了简单讨论。自然界常见的天然气水合物的产出地为大洋深海海底和陆上永久冻土带，这些地区水的含量都相对较大，研究人员普遍认为自然界中符合这种模型的储层出现的可能性较小。

第 6 章　结论与建议

地球物理测井是发现与评价天然气水合物藏最重要、最有效、不可或缺的技术手段。地球物理测井方法可以获得原位状态下天然气水合物储层的地球物理信息，相对于取心而言，除了具有连续性、经济性以及原位性等优点外，还能够从纵向上高精度地反映岩性和储层类别，识别天然气水合物，确定其纵向分布和横向连通性，并定量计算储层孔隙度、天然气水合物饱和度和渗透率等重要参数。

目前的地球物理测井仪器和方法种类非常丰富，每种测井资料信息都是某一种地层物理性质或物理参数的反映，每种方法均有自身的探测特性和适用范围。测井技术用测量的物理参数从某一侧面间接推断地层的地质特性和计算相应的地质参数，这种间接性又引发了多解性和计算结果的不稳定性。同时，测井仪器测量时不可避免地受到井下多种特殊环境因素的影响，特别是单条测井曲线的多解性十分突出。某些偶然因素也会引起测井曲线表现出与天然气水合物储层相同的响应特征（尤其在永久冻土带地层）。

天然气水合物的地球物理特征在测井曲线上有较好的反映。天然气水合物储层在井径、自然电位、电阻率、声速、自然伽马和录井等常规方法上都有比较明显的显示，在电成像测井和核磁共振孔隙度测井上也有固定特征。天然气水合物在电阻率测井和声波时差测井曲线上同冰层十分相似，由钻进时引起的天然气水合物分解造成的录井上的明显气侵显示作为区分天然气水合物与冰的重要手段。

地球物理测井技术定量地评价天然气水合物目前基本延用常规油气藏测井评价理论与方法。本书从天然气水合物产出地应用实例入手，分析了常规测井解释评价方法的效果和适用性，结果表明，这些方法并不完全适用。

对于孔隙度计算来说，天然气水合物的电阻率比地层水大得多，利用阿尔奇公式由电阻率计算得到的孔隙度明显偏低；常规密度测井又高估天然气水合物储层的孔隙度。天然气水合物（结构Ⅰ型）在通常储层条件下（$\phi < 40\%$）

对中子孔隙度只有很小的影响，这时可以认为测量所得的中子视孔隙度就是地层真实孔隙度；如果 $\phi > 60\%$，中子孔隙度将被高估（6% 左右），必须进行天然气水合物影响校正。

对于饱和度评价来说，快速直观方法得到的含水饱和度与由标准阿尔奇公式得到的结果接近，但出现 $S_w > 1$ 的情况。ODP164 航次 A 类储层的测井资料应用中，利用阿尔奇公式计算得到了比较精确的 S_h。使用电阻率方法计算 S_h 都有较强的适用条件，并不适用于所有地层模型。利用碳氧比方法评价天然气水合物饱和度时，在井眼条件较好的条件下同标准阿尔奇公式结果较好地吻合，测量固有的不确定性仍然是它未能解决的问题。

随着天然气水合物项（S_h）的引入，增加了响应方程的影响因素和需要求解的未知数的个数，定量求解地层孔隙度和天然气水合物饱和度有校正和联合求解两个途径。

核磁共振测井方法提供了一种全新的探测方式，可以提供岩石孔隙中流体数量的信息、流体特性的信息和含流体孔隙尺寸的信息，测量得到的孔隙度不包含岩石骨架的贡献，不需要进行岩性校正。核磁共振测井既能获得流体的总孔隙度，又能区分可动流体与束缚流体，在评价天然气水合物饱和度、孔隙结构和渗透率方面还有较大潜力。利用核磁共振测井与密度总孔隙度组合计算天然气水合物饱和度的方法（DMR 方法）模型简单、适用性强、计算方便，消除了利用其他方法求孔隙度时需确定大量相关参数的麻烦和主观性，是一种有效的计算天然气水合物饱和度的方法。在应用二维核磁共振评价天然气水合物方面，虽然天然气水合物的 T_1 和 T_2 有较大区别，理论上的核磁共振 T_1—T_2 谱上能够将其同水、天然气区分，但天然气水合物 T_2 太短，测井仪器目前无法探测天然气水合物 T_2 的困难制约着它的应用。

进行天然气水合物储层评价，要进行综合解释。首先，综合利用常规测井资料，结合电成像测井、声成像测井和核磁共振测井等响应特征和曲线特点确定天然气水合物储层层段；再利用本地地质资料、地层温度压力资料和实际取心资料确定储层组分；最后，采取对应模型的储层参数计算方法进行评价。应当把测井数据处理的结果与测井曲线的定性显示、本地地质知识、邻井解释结果与本井地质资料相结合，进行深入细致的综合分析，得出综合性的解释结论。

这些工作深化了对天然气水合物储层的测井定性识别与定量评价方法的

认识；根据电法、声波、核辐射与核磁共振测井方法的探测特性和岩石中可能存在的矿物在物理性质上的差异，利用体积模型方法建立了典型的四类天然气水合物地层的多组分描述模型；基于常规油气藏评价中的定量关系式，给出了对应于不同模型的多组分响应关系式和不同类型储层的天然气水合物测井评价流程。

天然气水合物性质特殊，与常规油气藏既相似又有巨大差别，在地层中复杂多变的存在条件和方式大大改变了地层的地球物理性质。利用测井方法准确认识、描述和评价天然气水合物藏仍需要大量的实验室基础研究工作，对这些模型和响应方程的验证还需要进一步完善。不同地质条件下充足的、高质量的天然气水合物藏测井数据的采集也是进行测井研究的重要前提。

参 考 文 献

[1] Sloan E D. Fundamental Principles and Application of Natural Gas Hydrates. Nature, 2003, 426: 353-359.

[2] C Ш 贝克. 气体水化物. 北京: 石油工业出版社, 1987.

[3] Kvenvolden K A. Methane Hydrate—A Major Reservoir of Carbon in the Shallow Geosphere? Chemical Geology, 1988, 71: 41-51.

[4] Gronitz V, Fung I. Potential Distribution of Methane Hydrates in the World's Oceans. Global Biogeochemical Cycles, 1994, 8 (3): 335-347.

[5] Worthington P F, et al. Petrophysical Evaluation of Gas Hydrate Formations. International Petroleum Technology Conference, Kuala Lumpur, Malaysia. 2008.

[6] 樊栓狮. 天然气水合物存储与运输技术. 北京: 化学工业出版社, 2005.

[7] Gabitto J F, Tsouris C. Physical Properties of Gas Hydrates: A Review. Journal of Thermodynamics, 2010.

[8] Ripmeester J A, Tse J S, Ratcliffe C I, et al. A New Clathrate Hydrate Structure. Nature, 1987, 325 (6100): 135-136.

[9] Sassen R, Macdonald I R. Evidence of Structure H Hydrate, Gulf of Mexico Continental Slope. Org Geochem., 1994, 22 (6): 1029-1032.

[10] Lu H L, Seo Y T, Lee J W, et al. Complex Gas Hydrate from the Cascadia Margin. Nature, 2007, 445: 303-306.

[11] Udachin K A, Ratcliffe C I, Ripmeester J A. A Dense and Efficient Clathrate Hydrate Structure with Unusual Cages. Angewandte Chemie, 2001, 40 (7): 1303-1305.

[12] 苏新. 海洋天然气水合物分布与"气—水—沉积物"动态体系——大洋钻探204航次调查初步结果的启示. 中国科学: D辑 地球科学, 2004, 34 (12): 1091-1099.

[13] Sloan E D, Koh C A. Clathrate Hydrates of Natural Gases. 3rd Ed. Boca Raton: CRC Press, 2008.

[14] 许红, 黄君权, 夏斌, 等. 最新国际天然气水合物研究现状及资源潜力评

估. 天然气工业, 2005, 25（6）: 18-23.

[15] 曾繁彩, 吴琳, 何拥军. 国外天然气水合物调查研究综述. 海洋地质动态, 2003, 19（11）: 19-23.

[16] 黄国成. 海底天然气水合物资源勘探流程和评价方法. 武汉: 中国地质大学（武汉）, 2008.

[17] 金庆焕, 张光学, 杨木壮, 等. 天然气水合物资源概论. 北京: 科学出版社, 2006.

[18] Birchwood R, Dai J C, Boswell R, et al. Developments in Gas Hydrates. Oilfield Review, 2010, 22（1）: 18-33.

[19] Mao W L, Koh C A, Sloan E D. Clathrate Hydrates under Pressure. Physics Today, 2007, 60（10）: 42-47.

[20] Hammerschmidt E G. Formation of Gas Hydrate in Natural Gas Transmission Lines. Industrial & Engeering, Chemistry, 1934, 26: 851-855.

[21] Anderson B I, Collett T S, Lewis R E, et al. Using Openhole and Cased Hole Resistivity Logs to Monitor Gas Hydrate Dissociation During A Thermal Test in the Mallik 5L-38 Research Well, Mackenzie Delta, Canada. SPWLA 46th Annual Logging Symposium, 2005.

[22] 邓希光, 吴庐山, 付少英, 等. 南海北部天然气水合物研究进展. 海洋学研究, 2008, 26（2）: 67-74.

[23] 陈志豪, 吴能友. 国际多年冻土区天然气水合物勘探开发现状与启示. 海洋地质动态, 2010, 26（11）: 36-44.

[24] Kvenvolden K A. Methane Hydrate in the Global Organic Carbon Cycle. Terra Nova, 2002, 14: 302-306.

[25] Ruppel C. Tapping Methane Hydrates for Unconventional Natural Gas. Elements, 2007（3）: 193-199.

[26] 祝有海, 张永勤, 文怀军, 等. 青海祁连山冻土区发现天然气水合物. 地质学报, 2009, 28（11）: 1762-1771.

[27] Zhang H Q, Yang S X, Wu N Y, et al. Successful and Surprising Results for China's First Gas Hydrate Drilling Expedition. Fire in the Ice-Methane Hydrate Newsletter, 2007: 6-9.

[28] Wu N Y, Yang S X, Zhang H Q, et al. Gas Hydrate System of Shenhu Area, Northern South China Sea Wire-line Logging, Geochemical Results and Preliminary Resources Estimates. Offere Technology Conference, 2010.

[29] 张丽华. 冻土带天然气水合物调查获突破. 中国矿业报, 2008.

[30] 祝有海, 张永勤, 文怀军, 等. 祁连山冻土区天然气水合物及其基本特征. 地球学报, 2010, 31 (1): 7-16.

[31] Collett T S. Natural Gas Hydrates of the Prudhoe Bay and Kuparuk River Area, North Slpoe, Alaska. The American Association of Petroleum Geoloists Bulletin. 1993, 77 (5): 793-812.

[32] Dickens G R, Paull C K, Wallace, et al. Direct Measurement of In Situ Methane Quantities in a Large Gas-Hydrate Reservoir. Nature, 1997: 426-428.

[33] Kvenvolden K A. Gas Hydrate—Geological Perspective and Globe Change. Review of Geophysics, 1993, 31 (2): 173-187.

[34] Tohidi B. Gas Hydrates: Friend or Foe? SPE Distinguished Lecture During 2004—2005, 2005, SPE 108809-DL.

[35] Gudmundsson J S, Hveding F. Transport of Natural Gas as Frozen Hydrate. Proceedings of 5th International Offshore and Polar Engineering Conference The Hague, Netherlands, June 11-16, 1995.

[36] Collett T S. Detection and Evaluation of the In-Situ Natural Gas Hydrates in the North Slope Region, Alaska. California Regional Meeting, Society of Petroleum Engineers of AIME, 1983, SPE 11673.

[37] Collett T S, Ladd J. Detection of Gas Hydrate with Downhole Logs and Assessment of Gas Hydrate Concentrations (Saturations) and Gas Volumes on the Blake Ridge with Electrical Resistivity Log Data. Proceedings of the Ocean Drilling Program, Scientific Results, 2000.

[38] Akihisa K, Tezuka K, Senoh O, et al. Well Log Evaluation of Gas Hydrate Saturation in the Miti Nankai-Trough Well, Offshore South East Japan. SPWLA 43th Annual Logging Symposium, 2002.

[39] Collett T S, Lewis R E, Winters W J, et al. Downhole Well Log and Core

Montages from the Mount Elbert Gas Hydrate Stratigraphic Test Well, Alaska North Slope. Marine and Petroleum Geology, 2011, 28: 561−577.

[40] Lovell M, Jackson P, Gunn D, et al. Petrophysical Characterisation of Gas Hydrate Sediments. SPWLA 43th Annual Logging Symposium, 2002; Paper CC.

[41] Pellenbarg R E, Max M D. Introduction, Physical Properties, and Natural Occurrences of Hydrate//Max M D. Natural Gas Hydrate in Oceanic and Permafrost Environments. Kluwer, Dordrecht, Netherlands, 2000.

[42] Carroll J J. Natural Gas Hydrate—A Guide for Engineers. Elsevier Science & Technology, 2002, 198−205.

[43] Person C F, Halleck P M, McGuire P L, et al. Natural Gas Hydrate Deposits: A Review of In Situ Properties. The Journal of Physical Chemistry, 1983, 87 (21): 4180−4185.

[44] Judd A, Hovland M. Seabed Fluid Flow: The Impact on Geology, Biology, and the Marine Environment. New York: Cambridge University Press, 2007.

[45] Hyndman R D, Dallimore S R. Natural Gas Hydrate Studies in Canada. Recorder. Canadian Society of Exploration Geophysicists, 2001, 26: 11−21.

[46] 王祝文, 李舟波, 刘菁华. 天然气水合物的测井识别和评价. 海洋地质与第四纪地质, 2003, 23 (2): 97−102.

[47] 吴青柏, 程国栋. 多年冻土区天然气水合物研究综述. 地球科学进展, 2008, 23 (2): 111−119.

[48] Collett T S, Lewis R, Uchida T. Growing Interest in Gas Hydrates. Oilfield Review, 2000, 12 (2): 42−57.

[49] Boswell R. Is Gas Hydrate Energy Within Reach? Science, 2009: 957−958.

[50] Williams F, Lovell M, Brewer T, et al. Formation Evaluation of Gas Hydrate Bearing Sediments. SPWLA 49th Annual Logging Symposium, Edinburgh Scotland, 2008.

[51] Holbrook W S, Hoskins H, Wood T, et al. Methane Hydrate and Free Gas on the Blake Ridge from Vertical Seismic Profiling. Science, New Series, 1996, 273 (5283): 1840−1843.

[52] 蒋国盛. 天然气水合物的勘探与开发. 武汉：中国地质大学出版社，2002.

[53] Yuan J, Edwards R N. The Assessment of Marine Gas Hydrates Through Electrical Remote Sounding：Hydrate without a BSR? Geophysical Reserch Letter, 2000, 27（16）：2397-2400.

[54] Prensky S. A Review of Gas Hydrate and Formation Evaluation of Hydrate-Bearing Reservoirs. SPWLA 36th Annual Logging Symposium, 1995.

[55] Tsuji Y, Ishida H, Nakamizu M, et al. Overview of the MITI Nankai Trough Wells：A Milestone in the Evaluation of Methane Hydrate Resources. Resource Geology, 2004, 54（1）：3-10.

[56] Murray D, Fukuhara M, Khong C K. Permeability Estimates in Gas Hydrate Reservoirs of the Nankai Trough. SPWLA 47th Annual Logging Symposium, Veracruz, Mexico, 2006.

[57] 陆敬安，杨胜雄，吴能友，等. 南海神狐海域天然气水合物地球物理测井评价. 现代地质，2008，22（3）：447：451.

[58] Collett T S. Energy Resource Potential of Natural Gas Hydrates. AAPG Bulletin, 2002, 86（11）：1971-1992.

[59] Collett T S. Well Log Evaluation of Gas Hydrate Saturations. SPWLA 39th Annual Logging Symposium, 1998.

[60] Collett T S. Well Log Characterization of Sediment Porosities in Gas-Hydrate-Bearing Reservoirs. SPE Proceedings, 1998 Annual Technical Conference and Exhibition, SPE 49298.

[61] Goodman M A, Giussani A P, Alger R P. Detection and Evaluation Methods for In-Situ Gas hydrates. SPE/DOE Unconventional Gas Recovery Symposium of Petroleum Engineers, Pittsburgh, 1982, SPE/DOE 10831.

[62] Collett T S, Godbole S P, Economides C E. Quantification of In-Situ Gas Hydrate With Well Logs.The 35th Annual Techical Metting of the Petroleum Society of CIM, Calgary, Canada, 1984.

[63] 陈立英. 测井技术在水合物储层识别中的应用前景. 海洋地质动态，2006，22（12）：14-16.

[64] Murray S, Kleinberg R, Sinha B, et al. Formation Evaluation of Gas Hydrate

Reservoirs. SPWLA 46th Annual Logging Symposium, 2005.

[65] Bohrmann G, Kuhs W F, Klapp S A, et al. Appearance and Preservation of Natural Gas Hydrate from Hydrate Ridge Sampled During ODP Leg 204 Drilling. Marine Geology, 2007, 244: 1–14.

[66] Collett T S, Lee M W. Well Log Characerization of Natural Gas Hydrates. SPWLA 52th Annual Logging Symposium, 2011.

[67] Guerin G D, Cook A, Mrozewski S, et al. Gulf of Mexico Gas Hydrate Joint Industry Project Leg II: Green Canyon 955 LWD Opratations and Results of the 2009 Gulf of Mexico Gas Hydrate Joint Industry Project Leg II, 2009.

[68] Murry D. Developments in Gas Hydrate Formation Evaluation. SPWLA 2nd India Regional Conference, 2009.

[69] Davidson D W, Ripmeester J A. NMR, NQR and Dielectric Properties of Clathrates//Atwood J L, Davies J E D, MacNichol D D. Inclusion Compounds. Vol 3: London: Academic Press, 1984: 69–127.

[70] Collett T S, Lee M W, Goldberg D S, et al. Data Report: Nuclear Magnetic Resonance Logging While Drilling. ODP Leg 204, Proceedings of the Ocean Drilling Program, Scientific Results.

[71] Coates G R, Xiao L Z, Prammer M G. NMR Logging Principles & Application. Houston: Gulf Publishing Company, 2000.

[72] Dunn K J, Bergman D J, Latorraca G A. Nuclear Magnetic Resonance: Petrophysical and Logging Applications. Handbook of Geophysical Exploration. New York: Pergamon, 2002.

[73] Davidson D W, Garg S K, Gough S R, et al. Laboratory Analysis of a Naturally Occuring Gas Hydrate from Sediment of the Gulf of Mexico. Geochimica et Cosmochimica Acta, 1986, 50 (4): 619–623.

[74] Kleinberg R L, Flaum C, Straley C. Seafloor Nuclear Magnetic Resonance Assay of Methane Hydrate. Journal of Geophysical Research, 2003.

[75] Mathews M A. Logging Characteristics of Methane Hydrate. The Logging Analyst, 1986, 27 (3): 26–63.

[76] Lee M W, Collett T S. In-Situ Gas Hydrate Hydrate Saturation Estimated from

Various Well Logs at the Mount Elbert Gas Hydrate Stratigraphic Test Well, Alaska North Slope. Marine and Petroleum Geology, 2011, 28: 439–449.

[77] 雍世和, 张超谟. 测井数据处理与综合解释. 东营: 石油大学出版社, 1996.

[78] Archie G E. The Electrical Resistivity Log as an Aid in Determining Some Reservoirs Characteristics. Dallas Meeting, 1942, SPE 942054.

[79] Schlumberger Company. Log Interpretation Charts 2009 Edition. Texas: 2009.

[80] Serra O. Fundamentals of Well-log Interpretation. Developments in Petroleum Science 15A, Vol.1: The Acquisition of Logging Data. New York: Elsevier Science Publishing Company, 1984.

[81] Arps J J. The Effect of Temperature on the Density and Electrical Resistivity of Sodium Chloride Solutions. Petroleum Transaction, AMIM. 1953, 198: 327−330.

[82] 楚泽涵, 高杰, 黄隆基, 肖立志. 地球物理测井方法与原理. 上册. 北京: 石油工业出版社, 2007.

[83] Wyllie M R J, Gregory A R, Gardner L W. Elastic Wave Velocities in Heterogenous and Porous Media. Geophysics, 1956, 21 (1): 41−70.

[84] Timur A. Velocity of Compressional Waves in Porous Media at Permafrost Temperature. Geophysics, 1968, 33 (4): 584−595.

[85] Lee M W, Hutchinson D R, Dillon W P, et al. Method of Estimating the Amount of In Situ Gas Hydrate in Deep Marine Sediments. Marine and Petroleum Geology, 1993, 10: 493−506.

[86] 洪有密. 测井原理与综合解释. 东营: 石油大学出版社, 2002.

[87] Kumar D, Dash R, Dewangan P. Methods of Gas Hydrate Concentration Estimation with Field Examples. Geohorizons, 2009: 76−86.

[88] Lee M W, Collett T S. A Method of Shaly Sand Correction for Estimating Gas Hydrate Saturations Using Downhole Electrical Resistivity Log Data. U S Geological Survey Scientific Investigations Repor 2006−5121.

[89] Mathews M A, Huene R V. Site 570 Methane Hydrate Zone. Initial Reports of the Deep Sea Drilling Project, 1985, 84: 773−790.

[90] Lee M W, Hutchinson D R, Collett T S, et al. Seismic Velocities for

Hydrate-Bearing Sediments Using Weighted Equation. Journal of Geophysical Research, 1996, 101 (B9): 20347-20358.

[91] Lee M W. Gas Hydrate Amount Estimated from Acoustic Logs at the Blake Ridge, Site994, 995, and 997. Proceeding of the Ocean Drilling Program, Scientific Results, 2000.

[92] Castagna J P, Batzle M L, Eastwood R L. Relationships between Compressional-Wave and Shear-Wave Velocities in Clastic Silicate Rocks. Geophysics, 1985, 50 (4): 571-581.

[93] Williams D M. The Acoustic Log Hydrocarbon Indicator. SPWLA 31th Annual Logging Symposium, 1990.

[94] Collett T S, Wendlandt R F. Formation Evaluation of Gas Hydrate-bearing Marine Sediments on the Blake Ridge with Downhole Geochemical Log Measurements. Proceedings of the Ocean Drilling Program, Scientific Results, 2000.

[95] Roscoe B A, Grau J A. Response of the Carbon Oxygen Measurement for an Inelastic Gamma Ray Spectroscopy Tool. 60th Annual Technical Conference and Exhibition of the Society of Petroleum Engineers, Las Vegas, 1985, SPE 14460.

[96] Sun Y F, Goldberg D. Dielectric Method of High-Resolution Gas Hydrate Estimation. Geophysical Research Letters, 2005, 32 (L04313).

[97] Freedman R B, Vogiatzis J P. Theory of Microwave Dielectric Constant Logging Using the Electromagnetic Wave Propagation Method. Geophysical, 1979, 44 (5): 969-986.

[98] Calvert T J, Wells L E. Electromagnetic Propagation—A New Dimension in Logging. SPE California Regional Meeting, 13-15 April 1977, Bakersfield, California; Paper 6542.

[99] Sun Y F, Goldberg D, Collett T S, et al. High-Resolution Well-Log Derived Dielectric Properties of Gas-Hydrate-Bearing Sediments, Mount Elbert Gas Hydrate Stratigraphic Test Well, Alaska North Slope. Marine and Petroleum Geology, 2011, 28: 450-459.

[100] Yuan T, Hyndman R D, Spence G D, et al. Seismic Velocity Increase and Deep-Sea Gas Hydrate Concentration above a Bottom-Simulating Reflector on the Northern Cascadia Continental Slope. Journal of Geophysical Research, 1996, 101 (B6): 13655-13571.

[101] Freedman R, Minh C C, Gubelin G, et al. Combining NMR and Density Logs for Petrophysical Analysis in Gas-Bearing Formations. SPWLA 39th Annual Logging Symposium, 1998.

[102] Murry D R, Kleinberg R L, Sinha B K, et al. Saturation, Acoustic Properties, Growth Habit, and State of Stress of a Gas Hydrate Reservoir from Well Logs. Petrophysics, 2006, 47 (2): 129-137.

[103] Kleinberg R L. Nuclear Magnetic Resonance Pore Investigation of Permafrost and Gas Hydrate Sediments. Geological Society, London, Special Publications, 2006, 267: 179-192.

[104] Dvorkin J, Helgerud M B, Waite W F, et al. Introduction to Physical Properties and Elasticity Models//Max M D, Natural Gas Hydrate in Oceanic and Permafrost Environments, p.245-260. Kluwer, Dordrecht, Netherlands, 2000.

[105] Waite W F, Winters W J, Manson D H. Methane Hydrate Formation in Partially Water-Saturated Ottawa Sand. American Mineralogist, 2004, 89: 1202-1207.

[106] Kleinberg R L, Flam C, Griffin D D. Deep Sea NMR: Methane Hydrate Growth Habit in Porous Media and its Relationship to Hydraulic Permeability, Deposit Accumulation, and Submarine Slop Stability. Journal of Geophysical Research, 2003, 108 (B10).

[107] Goldberg D, Saito S. Detection of Gas Hydrate Using Downhole Logs//Henriet J P, Mienert J. Gas Hydrates: Relevance to World Margin Stability and Climate Change. Geological Society, London, Special Publications, 1998, 137: 129-132.